高等学校新工科计算机类专业系列教材

Java Web 快速开发教程(慕课版)

——Spring Boot+MyBatis 实战

师敏华　沈玉龙　张志为　编著

西安电子科技大学出版社

内容简介

本书主要介绍 Java 语言及其 Web 开发。全书共 14 章，前 12 章讲述了 Java 基础知识及部分常用的高级知识。第 13 章详细讲解了当前主流的数据库访问框架 MyBatis。第 14 章讲述了 Spring Boot 开发框架，并且通过完整的示例程序讲述了如何应用 Spring Boot 开发 Web 应用。

本书可作为高等学校计算机、软件及相关专业本科高年级学生的教材或研究生的参考书，也可供从事计算机相关工作的工程技术人员参考。

图书在版编目(CIP)数据

Java Web 快速开发教程: 慕课版: Spring Boot+MyBatis 实战 / 师敏华, 沈玉龙, 张志为编著. — 西安: 西安电子科技大学出版社, 2020.11(2022.5 重印)
ISBN 978-7-5606-5797-4

Ⅰ. ①J… Ⅱ. ①师… ②沈… ③张… Ⅲ. ①JAVA 语言－程序设计－教材 Ⅳ.①TP312.8

中国版本图书馆 CIP 数据核字(2020)第 136707 号

策　　划　高　樱　明政珠
责任编辑　马晓娟
出版发行　西安电子科技大学出版社(西安市太白南路 2 号)
电　　话　(029)88202421　88201467　　邮　　编　710071
网　　址　www.xduph.com　　电子邮箱　xdupfxb001@163.com
经　　销　新华书店
印刷单位　陕西天意印务有限责任公司
版　　次　2020 年 11 月第 1 版　2022 年 5 月第 3 次印刷
开　　本　787 毫米 × 1092 毫米　1/16　印　张　16
字　　数　377 千字
印　　数　2001～5000 册
定　　价　39.00 元
ISBN 978-7-5606-5797-4 / TP
XDUP 6099001-3
***** 如有印装问题可调换 *****

前　言

从 1996 年 1 月 Sun 公司发布 Java 的第一个开发工具包 JDK 1.0 至今的二十多年时间里，除最初的几年外，Java 语言几乎一直独占编程语言榜首。尽管最近几年 Python、Go 等语言发展迅速，但其在未来一段时间内仍难以撼动 Java 语言的地位。Java 之所以有如此地位，不仅仅在于 Java 语言本身比较优秀，更是因为 Java 语言有庞大的生态圈。换一种编程语言并非难事，但困难在于如何替代其庞大的生态圈。因此，从这个意义上来说，作为一个程序员，尤其是需要和互联网以及新兴的物联网打交道的人来说，熟悉 Java 编程是一条必由之路。

Java 语言本身的学习难度并不是太大，因为 Java 语言建立在 C++ 的基础之上，它在语法等方面和 C++ 很相似。如果有 C/C++ 基础的话，可以很快掌握 Java 语言。尽管掌握 Java 语言本身相对比较容易，但是要将其用起来并不是一件很容易的事情，其原因之一就是 Java 的生态圈太大，对于同一个问题有多种框架或者解决方案可供选择，这么多框架如何选择，如何学习，是摆在每一个 Java 编程人员面前的难题。

本书前 12 章讲述了 Java 基础知识和常用的高级知识。对于 Java 语言中的 SWING 没有进行讲解。尽管 SWING 是一种不错的 GUI 编程工具包，但如果想用 SWING 实现非常漂亮和炫目的界面有一定的难度。另外，本书对于一些相对过时的技术，比如 Applet、WebStart 等也未作讲述。还有一些常用但较为琐碎的技术也未作讲解，比如安全、签名、国际化等。关于这些方面的知识，读者在学习完本书之后可以参考相关资料。

第 13 章讲解了数据库访问的主流框架 MyBatis。通过本章的学习，读者可以掌握 MyBatis 的核心用法，能够轻易将 MyBatis 融入自己的 Java 项目中。

第 14 章通过一个简单的 Colyba 职员信息系统示例，讲解了如何创建和开发一个完整的 Spring Boot 项目。

本书由师敏华、沈玉龙、张志为合作编写。许王哲、崔志浩、景玉、刘家继、温嘉伟、黄艺萌、常佳俊、王强、张一凡等参与了本书配套慕课资源与在线练习系统的建设等相关工作，配套资源与练习系统请见 http://222.25.188.1:23456。本书的出版得到了教育部产学合作协同育人项目(201901113011、201901156033)的支持。

限于作者水平，书中难免会有欠妥之处，恳请读者批评指正。

作　者

2020 年 7 月于西安

目　录

第 1 章　Java 发展史与项目构建

1.1　Java 版本发展

Java 的版本众多，生态圈相当繁杂。对于初学 Java 的人，如果不太了解生态圈中的主要脉络，则学习起来往往会一头雾水。因此，要系统地学习 Java，有必要了解 Java 的演进轨迹以及与 Java 相关的一些术语或工具。

1.1.1　Java 版本演进

1996 年 1 月，Sun 公司发布了 Java 的第一个开发工具包 JDK 1.0，这是 Java 发展历程中的重要里程碑，标志着 Java 成为一种独立的开发工具。

1998 年 12 月到 1999 年 6 月，Sun 公司发布了第二代 Java 平台(Java 2)的 3 个版本：J2ME(Java 2 Micro Edition，Java 2 平台的微型版)，应用于移动、无线及有限资源的环境；J2SE(Java 2 Standard Edition，Java 2 平台的标准版)，应用于桌面环境；J2EE(Java 2 Enterprise Edition，Java 2 平台的企业版)，应用于基于 Java 的应用服务器。Java 2 平台的发布，是 Java 发展过程中最重要的一个里程碑，标志着 Java 的应用开始普及。

2004 年 9 月，J2SE 1.5 发布，并成为 Java 语言发展史上的又一里程碑。为了表示该版本的重要性，J2SE 1.5 更名为 Java SE 5.0(内部版本号为 1.5.0)。

2005 年 6 月，在 JavaOne 大会上，Sun 公司发布了 Java SE 6，对 Java 的各种版本进行了更名，取消了其中的数字 2，如 J2EE 更名为 Java EE，J2SE 更名为 Java SE，J2ME 更名为 Java ME。

2006 年 12 月，Java SE 6 发布。

2011 年 7 月，Java SE 7 发布。

2014 年 3 月，Java SE 8 发布。

2017 年 7 月，Java SE 9 发布。

2018 年 3 月，Java SE 10 发布。

2018 年 9 月，Java SE 11 发布。

通过以上 Java 版本的发布轨迹可以看出，Java 各版本经历了一段时间的混乱。时至今日，通常的软件开发人员还会称 Java 8 为 1.8，这是因为开发人员习惯用 JDK 的版本来称呼，而 Java 8 的 JDK 版本是 1.8。

另外也可以看出，从 2017 年开始，Java 版本发布很快，这是因为 Oracle(2009 年收购了 Sun 公司)承诺每隔半年将会发布一个新版本。但根据调查，Java 8 还是当前的主流应用版本，有 60%以上用户在使用这个版本，而 Java 9 及以上版本的用户可能还不到 10%。因此，本书将以 Java 8 为基准介绍 Java 的相关内容。

1.1.2 EJB

在 Java 的发展过程中，EJB(Enterprise Java Bean)的重要性不得不提。EJB 是 Java EE 的核心规范，EJB 是开发和配置基于组件的分布式商务应用程序的一种组件架构，用 EJB 开发的应用程序是可伸缩的、事务性的、多用户安全的。这些应用程序只需要编写一次，就可以在符合 EJB 规范的任何服务器上部署。简单地说，借助于 Java 的跨平台优势，遵循 EJB 规范的应用能够利用 EJB 部署在任何平台上。

在 Java 2 版本中，正式发布了重量级的应用规范 EJB 2.0，并且围绕着 EJB 提供了许多组件标准规范。在 2004 年发布的 Java 5.0 中，EJB 发布了 3.0，这个版本也成为了 EJB 的最终版本。

尽管 EJB 2.0 提出了许多优秀且先进的理念，并且也得到了较为广泛的应用，但 EJB 2.0 还是备受诟病，最主要的原因是其过于复杂，学习曲线也比较陡。伴随着 Spring 框架结构的出现，EJB 逐渐走向衰落。尽管 EJB 3.0 吸收了 Spring 框架的一些特点，比如基于注解的声明、分离出 JPA 等，但为时已晚，再加上 Sun 公司被收购的影响，EJB 未能再走向辉煌。在当前主流的企业以及互联网开发框架中，已经很少采用 EJB。

1.1.3 JDK 与 JRE

JDK(Java Development Kit，Java 开发环境)是 Java 开发工具。JDK 是整个 Java 的核心，包括 JRE(Java Runtime Environment，Java 运行环境)、Java 工具和 Java 核心类库(Java API)。

JRE 包括 Java API 类库中的一部分和 Java 虚拟机，是支持 Java 程序运行的标准环境。JDK 是开发环境，JRE 是运行环境，因此写 Java 程序的时候需要 JDK，运行 Java 程序的时候需要 JRE。由于 JDK 里面已经包含了 JRE，因此只要安装了 JDK，就可以编写 Java 程序，也可以正常运行 Java 程序。但由于 JDK 包含了许多与运行无关的内容，占用的空间较大，因此运行普通的 Java 程序无须安装 JDK，只需要安装 JRE 即可。

1.1.4 JVM

JVM(Java Virtual Machine，Java 虚拟机)是一种用于计算设备的规范，它是一个虚拟出来的计算机，是通过在实际的计算机上仿真模拟各种计算机功能来实现的。

Java 语言编写的程序之所以能跨平台，就是因为 JVM 隔离了计算机硬件以及操作系统的差别，使得 Java 代码一次编译就可以在不同硬件平台、操作系统上无差别运行。

计算机语言通常划分为编译型语言和解释型语言。编译型语言通过编译直接生成目标机器的执行码，可以直接在目标机器上执行；解释型语言通常不需要编译，在目标机器上执行时通过该语言的翻译工具将代码翻译为机器码执行。通常来讲，解释型语言的运行效率要低于编译型语言。编译型语言的代表是 C 语言，解释型语言的代表是 Basic 以及当前非常流行的 Python 等脚本语言。但 Java 语言是一个特例，很难将其归类为纯粹的编译型或解释型语言，它兼具这二者的特点：首先，Java 代码需要编译成为 JVM 执行码；其次，JVM 将 JVM 执行码即时编译成机器码在目标机器上执行。因此，从本质上讲，Java 语言更接近于解释型语言，编译后的 Java 代码通过工具可以很容易地反编译为源码，而 C 语言编译后的文件几乎不能再反编译出源码。在执行效率方面，由于现在的 Java 虚拟机使用了即时编译器，因此采用 Java 编写的“热点”代码其运行速度与 C++已经相差不大。

1.1.5　JavaScript

JavaScript 由 Netscape 出品，被大多数程序员简称为 JS。JavaScript 除了名字中包含 Java 之外，其本身和 Java 并没有多大关系。

1.2　集成开发环境

“工欲善其事，必先利其器。”若只是需要简单了解 Java 的基础语法或者演示一个“HelloWorld”，那大可不必去准备一个复杂的 IDE(Integrated Development Environment，集成开发环境)，只需要安装 JDK，将代码敲在记事本上，然后使用几个简单的 Java 命令就可以完成编译和运行；但如果需要编写一个 Java 项目，那么一个优秀的 IDE 就必不可少。在这里，我们不再讲述如何使用 javac 等进行命令行编译，而是将这个任务交给更高级的工具去做。尽管 IDE 工具还是要调用 javac 来执行编译，但我们只需知道有命令行编译就够了。

1.2.1　IDE 的优势

集成开发环境 IDE 不仅有着令人舒适的、漂亮的图形界面，还为我们提供了很多贴心和有效的辅助功能。比如，在 Java 的类定义中，有一个不成文的规则，类的域或者属性(在 C++中通常称为成员变量)一般被定义为 private，类中提供该属性的 getter 和 setter 方法供外部访问(当然也可以定义为 public，直接访问属性也没什么问题，但这种 C++化的访问方式在 Java 中并不太常用)。假设一个类有很多属性，如果采用手动方式为其编写 getter 和 setter 方法，则这种没有任何技术含量的枯燥工作恐怕会让很多程序员崩溃。这种情况下，IDE 就会发挥它的用处，只需要点击相应菜单，勾选属性，点击 OK，瞬间完成。当然，IDE 不仅仅只具有完成此类“套路代码”自动生成的功能，还有很多其他功能，如自动补全提示，纠错提示，图形调测，无缝集成第三方项目组件等。

主流的 Java 集成开发环境主要有 Eclipse 系列和 IntelliJ IDEA。之所以将 Eclipse 称为系列，是因为 Eclipse 版本众多，而且基于 Eclipse 还出现了不少其他工具，如 MyEclipse 以及更适合 Spring Boot 应用开发的 STS(Spring Tool Suite)等。尽管 Eclipse 和 MyEclipse 在名字上非常接近，但两者有巨大差别。IntelliJ 是一款非常优秀的集成开发环境，深受资深程序员的喜欢，但它是一款商业软件(也有免费社区版，只是部分高级功能受限)，在如今知识产权备受重视的年代，大多数程序员和公司更倾向于使用开源免费的 Eclipse。

后续示例及讲解均使用 STS 集成环境，所提及的 Eclipse 操作也都是在 STS 上的操作。STS 是 Pivotal 公司为 Spring Boot 项目专门打造的开发环境，其本质和 Eclipse 大同小异，仅仅是在 Eclipse 基础之上进行封装和开发，增加了专门对 Spring Boot 项目的更好支持，在操作上和 Eclipse 完全兼容。同样地，STS 也由 Apache 软件基金提供支持，因此它也是一款免费软件。

1.2.2　STS 安装

STS 可以在 Eclipse 的基础上进行安装，也可以直接下载安装。我们选择直接下载安装。进入 STS 官网 http://spring.io/tools3/sts/all，就可以找到 STS 的最新版本，下载适合自己开发环境的版本，下载到本地后，直接解压缩即可。由于后面我们将使用 Maven 进行项目构建，因此在正式使用 STS 之前需要安装 JDK 和 Maven。

在搜索引擎中直接搜索“JDK 下载”，进入 Java 的官方网站，或者直接进入以下链接 https://www.oracle.com/technetwork/java/javase/downloads/jdk8-downloads-2133151.html，选择适合自己开发环境的版本进行下载，下载成功后双击安装即可。安装完成后，检查 JAVA_HOME 环境变量是否设置成功。如果没有设置成功，则按照图 1-1 所示进行设置，然后将%JAVA_HOME%\bin 目录加入 PATH 环境变量中。设置成功后，打开一个 CMD 窗口，输入 java -version，将会显示 Java 版本信息。

接下来需要安装 Maven。进入 Maven 官方下载网站 http: // maven.apache.org / download.cgi (官网提供了 zip 和 tar 两种打包格式，同时也提供了源码的下载),下载 zip 包后将其解压,在环境变量中增加 M2_HOME,让其指向 Maven 的解压目录,并且将%M2_HOME%\bin 目录加入 PATH 环境变量中，参考图 1-1。设置完成后，打开一个命令行窗口，输入 mvn -version，将会显示 Maven 版本的相关信息。

图 1-1　环境变量设置

1.2.3　HelloWorld

本节我们以一个“HelloWorld”为例来介绍集成环境下的 Java 编程。打开 STS，会提示创建一个工作目录，我们选择一个目录，点击继续。点击菜单 File→New→Maven Project，如图 1-2 所示。

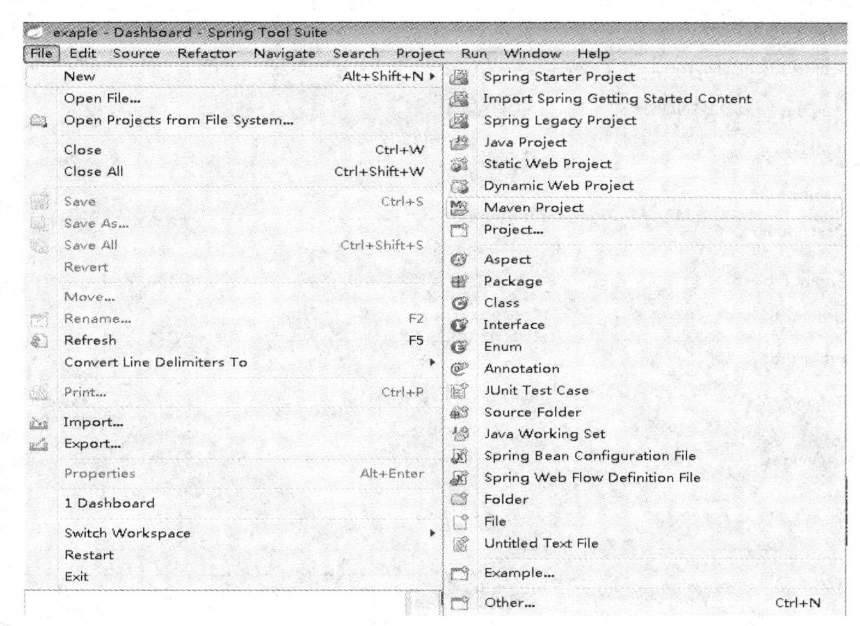

图 1-2　新建 Maven 工程(第 1 步)

接下来，勾选 Create a simple project 选项，如图 1-3 所示。

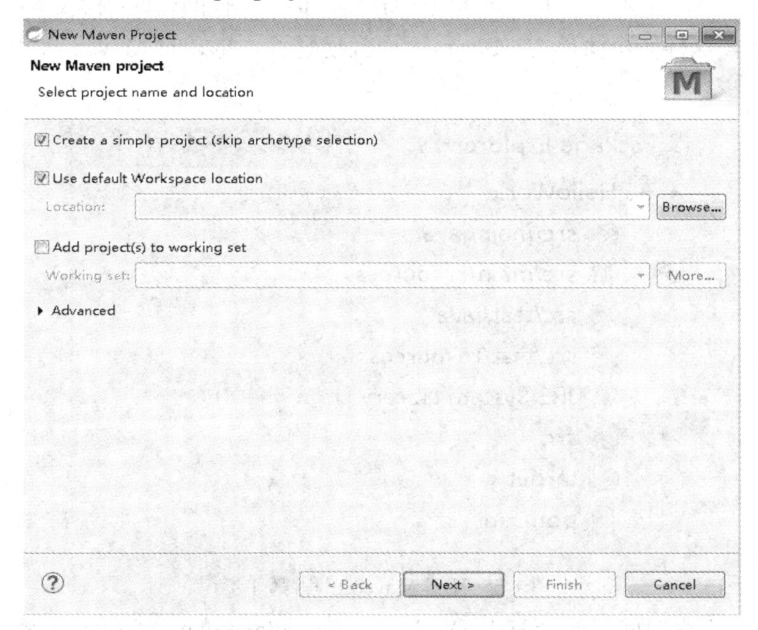

图 1-3　新建 Maven 工程(第 2 步)

点击 Next 进入下一步，如图 1-4 所示。

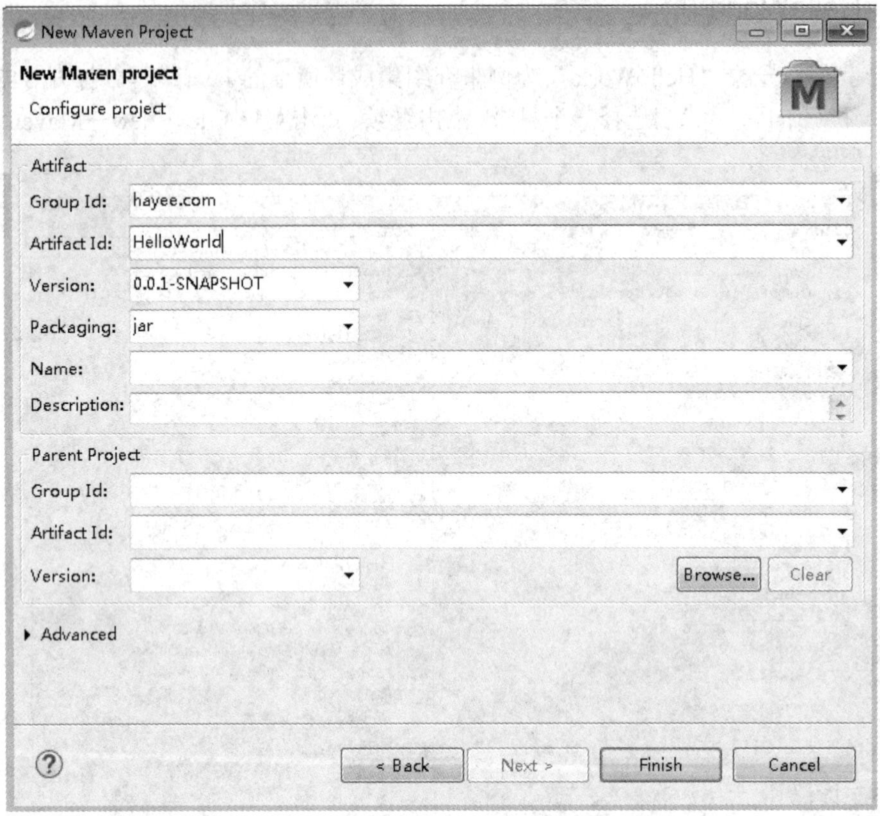

图 1-4　新建 Maven 工程(第 3 步)

在这个界面中，需要输入 Group Id 和 Artifact Id，其他的暂时搁置。填写完成后，点击 Finish 按钮，这样一个简单的 Maven 工程就建好了。建好的 Maven 工程结构如图 1-5 所示。

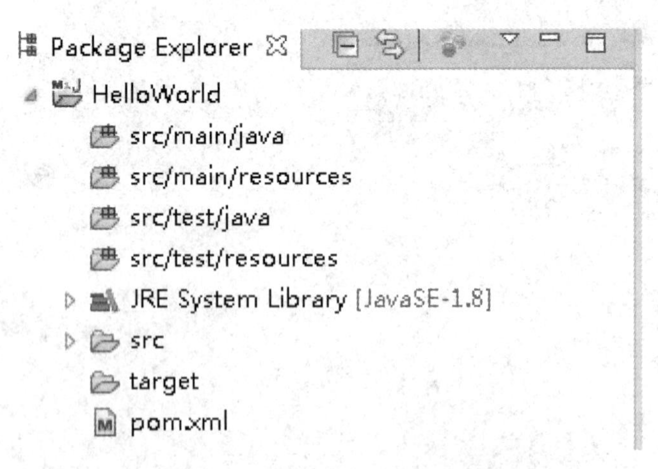

图 1-5　新建 Maven 工程(第 4 步)

接下来，在工程中增加一个 HelloWorld 类。在 src/main/java 上单击右键，选择 New→Class，如图 1-6 所示。

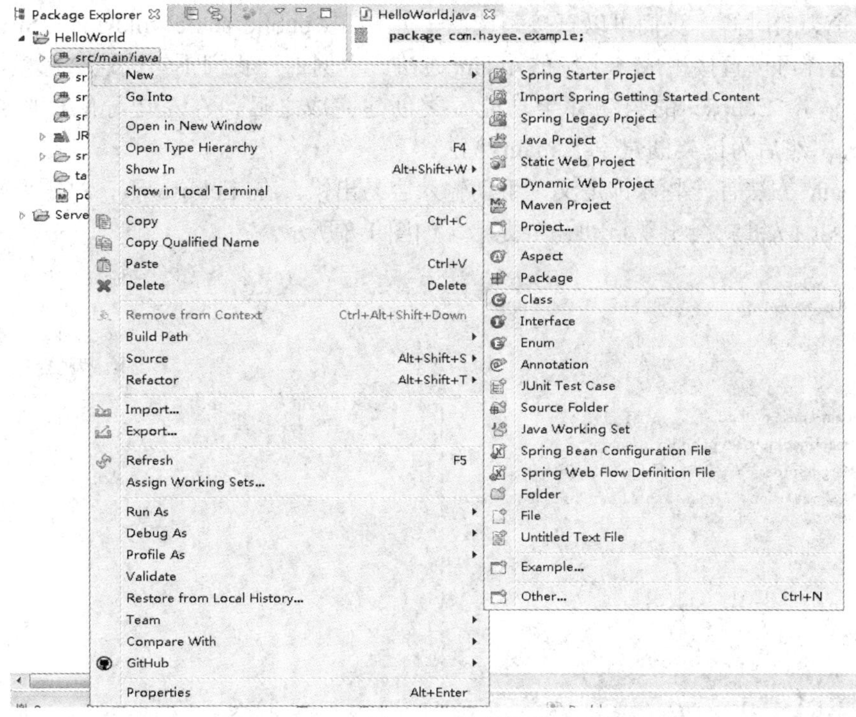

图 1-6　新建类(第 1 步)

在弹出的对话框中需要输入包名和类名，本例中输入的包名为 com.hayee.example，类名为 HelloWorld，如图 1-7 所示。

图 1-7　新建类(第 2 步)

在新建这个类的时候，我们可以直接勾选图 1-7 中的“public static void main(String[] args)”选项，这样可以直接生成一个空的 main 方法。本例中，我们不勾选这个选项，改为手动创建，体验 Eclipse 的自动补全功能。类创建完成之后，在左边导航栏中打开 HelloWorld.java，然后为该类创建一个 main 方法。

Java 的 main 方法有一些修饰定义，手动输入容易出错。在 Eclipse 下，只需要输入 main，然后按 Alt + / 键就会出现自动补全提示，如图 1-8 所示。

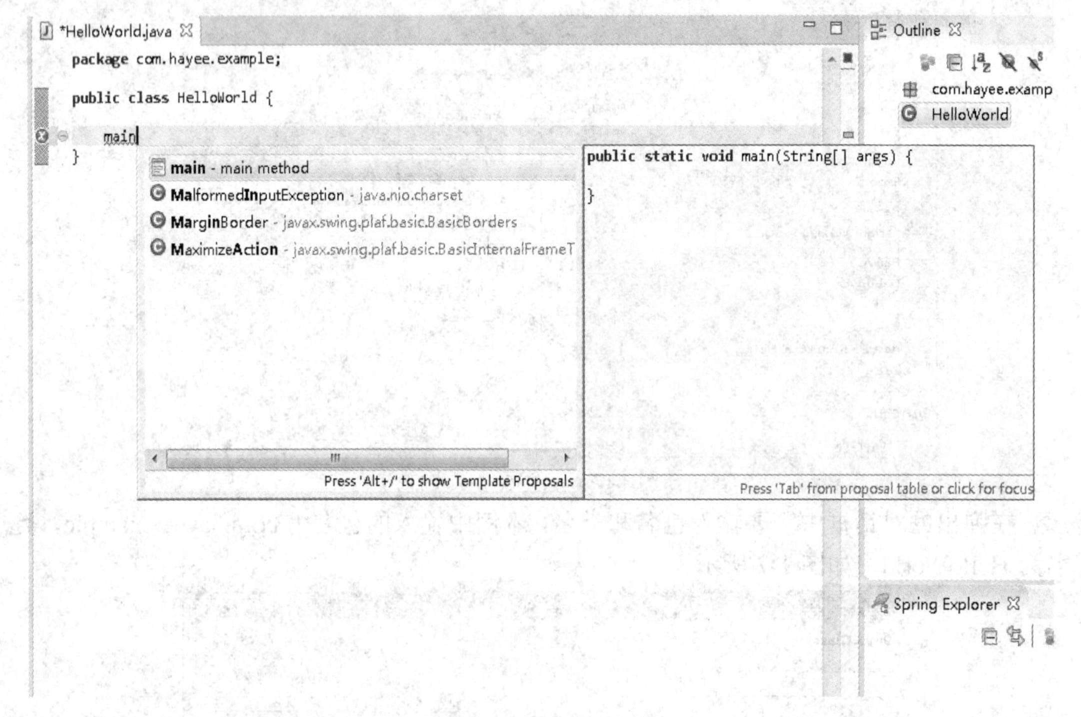

图 1-8　创建 main 方法

选中提示的“main method”后回车，一个空的 main 方法就生成了。在 main 方法中输入 sysout，再使用 Alt + / 键进行补全，自动生成 System.out.println 方法，然后在参数中输入“Hello World !”，这样第一个“HelloWorld”程序就完成了，如图 1-9 所示。

```
HelloWorld.java
package com.hayee.example;

public class HelloWorld {

    public static void main(String[] args) {

        System.out.println("Hello World !");
    }
}
```

图 1-9　HelloWorld

接下来选择运行 HelloWorld。在打开的 HelloWorld 类代码中，单击右键，选择 Run As→1 Java Application，如图 1-10 所示。

在 Console 栏中就会输出“Hello World !”。至此，第一个 HelloWorld 程序运行成功。

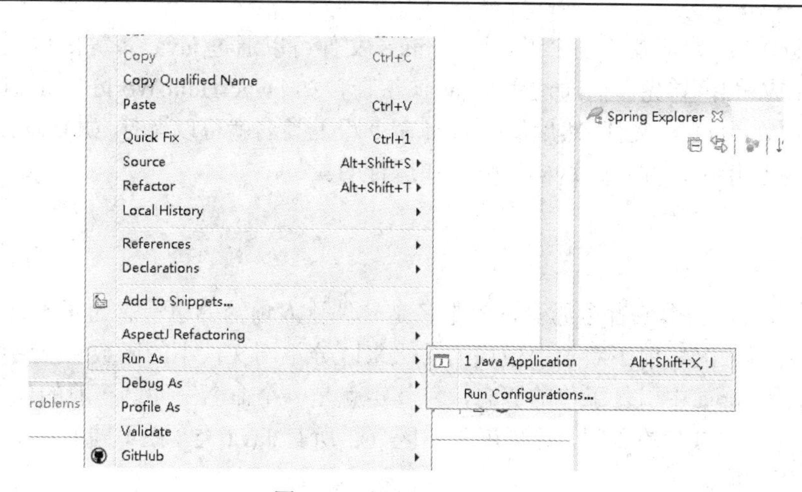

图 1-10　运行 Hello World

1.2.4　Eclipse 常用操作

Alt + /：自动补全。

Ctrl + /：使用“//”注释或者去除注释选中代码。

Ctrl + Shift + /：使用“/* */”格式注释选中代码。

Ctrl + Shift + \：去掉选中代码使用“/* */”格式的注释。

Alt + ↑ 或 ↓：上、下移动选中代码。

Ctrl + O：打开当前类的方法、属性列表。

Ctrl + Shift + T：在工作空间构建路径中的所有文件中查找。

Ctrl + Shift + R：在工作空间构建路径中的 Java 文件中查找。

Ctrl + Shift + O：重新组织导入包。这一操作非常有用，在编写代码中，若需要使用其他包的方法，则不需要手动导入，只需在代码编写完成后，使用此快捷键即可一次性组织导入。

Ctrl + Shift + F：格式化代码。这一操作非常有用，编写代码时不需要注意缩进等，在编写完成后，用 Ctrl + A 全部选中代码，使用此快捷键即可将代码缩排整齐。

Alt + Shift + R：重命名。这一操作非常有用，可以用来修改包名、类名、方法名、变量名等。修改完成后，可以自动搜索工作空间进行替换，也可以在右键菜单 Refactor 中找到。

关于格式代码生成，除了前面提到的 getter 和 setter 方法外，经常还采用 toString 方法、equal 方法、hashcode 方法等，这些方法的格式化代码都可以通过右键菜单 Source 中的导出功能来完成。另外，在创建一个类时，通过勾选相关选项就可以自动生成诸如方法重写的框架代码。

1.3　Java 程序编译与运行

在 Windows 平台下，C 项目的编译运行过程是：首先将源代码编译生成 obj 二进制文件，然后使用 Link 将这些 obj 文件链接生成一个可执行的 exe 文件。Java 项目编译后会生成对应的.class 文件，从理论上来说，这些.class 文件可以通过 java 命令来执行。比如前面提到的 HelloWorld，首先我们通过命令 javac 编译，如 javac HelloWorld.java，这样就会生成一个 HelloWorld.class 文件，然后使用 java 命令跟上类名就可以运行，如 java HelloWorld。但通常在实际应用中，并不是这样来发布和运行的。

1.3.1 包

在 C 语言中，函数或者全局变量的重名是一件让人烦恼的事情。为了不让函数重名，我们不得不在函数名字前不断加上模块的前缀来区分不同文件中的函数，结果使得函数的名字越来越长。Java 中引入了包的概念，包其实就是一个命名空间，一般的包命名使用的是公司或者组织的域名的倒序，这样就天然区分了所有 Java 类。在不同的包下，类名、方法名等都可以相同。

每一个 Java 类文件的第一句用于声明该类所属的包名，以关键字 package 开始。比如：

```
pakage com.hayee.javastudy;
```

这一句表示该文件下的类都属于包 com.hayee.javastudy。假设该文件定义了一个“HelloWorld”类，那么这个类的全类名就是 com.hayee.javastudy.HelloWorld。

在一个类文件中，如果要引用其他类，有两种方法：一种方法是直接使用全类名引用，就像 com.hayee.javastudy.HelloWorld 一样，但这样的话，类名太长，阅读起来不太方便；另一种方法是在需要引用该类的文件中使用关键字“import”来导入要引用的类，这样就可以用短类名来引用。比如：

```
import com.hayee.javastudy.HelloWorld;
```

这样就导入了 HelloWorld 类，可以直接使用短类名引用。import 导入时支持使用通配符“*”。比如：

```
import com.hayee.*;
```

表示导入 com.hayee 包下所有的类，但并不包括其子包下的类。

1.3.2 Java 程序的发布形式

Java 项目通常以 Jar 包或者 War 包的方式发布，其实这两种都是压缩文件，通过压缩软件(比如 Rar)就可以打开。当然也可以使用 Java 自带的命令 Jar 打开，比如 jar -xvf exampl e.jar。

War 格式主要用于 Web 程序，通常放在 Web 容器下，比如 Tomcat 的 webapp/下，这样 Tomcat 启动后，就会加载启动该 Web 应用。之所以打包成 War 包格式，是因为 War 包按照一定的目录结构来组织，这种目录结构符合 Web 应用的要求。War 包中不仅包含核心的编译生成的.class 文件，还包括各种静态资源、配置文件以及依赖包，另外还包括 Web 程序所需要的 Web.xml 等。

Jar 格式主要用于 Java 应用或者依赖库。尽管在 Jar 包生成过程中，可以将静态资源、配置文件和依赖包打在一起，但在实际应用中，有经验的项目人员并不赞成这么做，而是主张在 Jar 中仅仅打包应用本身的.class，将其他静态资源、配置文件等各自放在大家默许命名的目录下，比如配置文件放在 config 目录下，依赖的 Jar 放在 lib 目录下，资源文件放在 resources 下等。这些目录和生成的 Jar 包平级存放，最后将这些目录和 Jar 文件共同打包为 zip 或者 tar 格式包。

这样做到底有什么好处呢？下面我们举例说明。当我们将打好的包应用部署在机器上运行时，发现某些配置参数不太合适，需要修改，这个时候独立打包的优势就显现出来了。由于配置文件并不在 Jar 包中，所以我们直接修改配置文件即可，如果代码中应用了定时扫描配置文件功能的话，甚至都不用重新启动。如果将配置文件也打进 Jar 包的话，修改起来就比较麻烦，首先需要用 Jar 命令解压缩 Jar 包，然后修改文件，再用 Jar 命令重新打包。在有些场景下更为麻烦，比如 Jar 文件需要进行签名才能正常使用，这样就需要重新签名，签名的时候还需要密钥文件以及密钥库的密码等，操作十分烦琐。

上面提到，War 包通常用于 Web 环境，Jar 包通常用于 Java 应用或者依赖库。但凡事总有例外，比如 Spring Boot，它可以将一个 Web 应用打包成 Jar 包的格式直接运行。

1.3.3　Java 的 main 方法

和 C 一样，main 方法也是 Java 应用默认启动的入口。在 C 项目中，不管有多少文件和函数，main 函数只能有一个，否则就会编译报错。但在 Java 项目中，可以有多个 main 方法。在 Java 项目组织中，除内部类外，通常每一个 Java 类都应该是一个独立的 Java 文件，如果有必要，可以为每一个 Java 类都添加一个 main 方法。尽管可以写多个 main 方法，但项目最终运行时只能使用一个 main 方法作为应用的启动入口。有两种方式可以决定由哪个类的 main 方法作为 Jar 包的启动入口：一种是在 Jar 包中的 META-INF 目录中，由 MANIFEST.MF 文件中的关键字 Main-Class 来指定；另一种是通过命令行指定。

1.3.4　Java 程序的运行

War 包由 Web 容器自动启动，我们将其略过不作介绍。下面介绍如何启动一个 Jar 应用程序。一个在 Jar 包的 MANIFEST.MF 文件中被指定为启动的类，其类名 Jar 的运行命令通常如下：

```
java　运行参数　xxx.jar
```

如果没有在 MANIFEST.MF 中指定主类的话，则可以通过指定全类名来运行，通常的运行命令如下：

```
java　运行参数　xxx.jar 全类名
```

1.3.5　运行参数

Java 运行参数分为基本参数和扩展参数两类。在命令行中输入 Java 就可得到基本参数列表，在命令行输入 java　- X (X 为大写)就可得到扩展参数列表。下面对一些常用的参数进行说明。

1. 基本参数说明

1) -client，server

-client 和-server 这两个参数用于设置虚拟机使用何种运行模式。client 模式启动比较快，但运行时性能和内存管理效率不如 server 模式，通常用于客户端应用程序。相反，server

模式启动比 client 慢，但可获得更高的运行性能。在 Windows 中，缺省的虚拟机类型为 client 模式，如果要使用 server 模式，就需要在启动虚拟机时加 -server 参数，以获得更高的性能。对服务器端应用，推荐采用 server 模式，尤其是多个 CPU 的系统。在 Linux、Solaris 中，缺省采用 server 模式。

2) -classpath，-cp

cp 是 classpath 的缩写。-classpath 和 -cp 这两个参数的作用是相同的，告知虚拟机搜索目录名、jar 文档名、zip 文档名，之间用分号“;”分隔。在运行时可用 System.getProperty("java.class.path")得到虚拟机查找类的路径。使用-classpath 后虚拟机将不再使用 CLASSPATH 中的类搜索路径。如果 -classpath 和 CLASSPATH 都没有设置，则虚拟机使用当前路径(.)作为类搜索路径。

3) -D<propertyName>=value

-D<propertyName>=value 用于在虚拟机的系统属性中设置属性名/值对。运行在此虚拟机之上的应用程序可用 System.getProperty("propertyName")得到 value 的值。如果 value 中有空格，则需要用双引号将该值括起来，如 -Dname="space string"。该参数通常用于设置系统级全局变量值，如配置文件路径，因为该属性在程序中的任何地方都可访问。

4) -verbose[:class|gc|jni]

-verbose[:class|gc|jni]用于在输出设备上显示虚拟机的运行信息。verbose 和 verbose:class 的含义相同，输出虚拟机装入的类的信息；-verbose:gc 在虚拟机发生内存回收时在输出设备上显示信息；-verbose:jni 在虚拟机调用 native 方法时在输出设备上显示信息。

5) -version

-version 用于显示可运行的虚拟机版本信息并退出。

2. 扩展参数说明

1) -Xnoclassgc

-Xnoclassgc 用于关闭虚拟机对 class 的垃圾回收功能。

2) -Xincgc

-Xincgc 用于启动增量垃圾收集器，缺省是关闭的。增量垃圾收集器能减少偶然发生的长时间的垃圾回收造成的暂停时间。因为增量垃圾收集器和应用程序并发执行，所以会占用部分 CPU 在应用程序上的功能。

3) -Xloggc:<file>

-Xloggc:<file>用于将虚拟机每次垃圾回收的信息写到日志文件中，文件名由 file 指定，内容和 -verbose:gc 输出内容相同。

4) -Xms<size>

-Xms<size>用于设置虚拟机可用内存堆的初始大小，缺省单位为字节，该大小为 1024 的整数倍并且要大于 1MB，可用 k(K)或 m(M)为单位来设置较大的内存数，如 -Xms6400K、-Xms256M。初始内存堆大小为 2 MB。

5) -Xmx<size>

-Xmx<size>用于设置虚拟机内存堆的最大可用大小，缺省单位为字节。该值必须为

1024 的整数倍，并且要大于 2 MB。可用 k(K)或 m(M)为单位来设置较大的内存数，如 -Xmx81920K、-Xmx80M。缺省内存堆的最大值为 64 MB。当应用程序申请了较大内存运行时，虚拟机出现 java.lang.OutOfMemoryError: Java heap space 错误，就需要使用 -Xmx 设置虚拟机内存堆的大小。

6) -Xmn<size>

-Xmn<size>用于设置年轻代的内存大小。

7) -Xss<size>

-Xss<size>用于设置线程栈的大小，缺省单位为字节。与-Xmx 类似，也可用 K 或 M 来设置较大的值。通常操作系统分配给线程栈的缺省大小为 1 MB。另外，也可当在 Java 中创建线程对象时设置栈的大小，构造函数原型为 Thread(ThreadGroup group, Runnable target, String name, long stackSize)。

在基本运行参数中，最常用的是 -classpath 参数和 -D 参数。-classpath 指定在运行时搜索类的目录，多个目录之间需要以“;”分割。在设置路径时一定要将当前路径“.”放在第一个。-classpath 支持目录中使用“*”通配符，比如./lib/*。在指定类路径时，建议使用“/”作为目录的分级符号，而不是 Windows 系统的“\”符号。-D 参数常用来设置一些 JVM 系统参数值，比如要对运行的程序进行远程调试，或者要使用 JConsole 进行监测分析时，就需要在运行参数中指定相关的系统值。

扩展参数中最常用的参数就是指定该 Java 虚拟机所需要内存的参数，即 -Xms 和 -Xmx 参数。-Xms 指定该虚拟机的初始占用内存，-Xmx 指定该虚拟机可占用的最大内存。另外还有 -Xmn 参数，这个参数指定年轻代占用内存，通常情况下并不需要设置，使用 JVM 默认值即可，在有些特殊应用需要进一步优化时可以使用该参数进行调节，这个参数对系统的运行效率影响比较大。

1.3.6　JVM 内存回收机制

在 C++ 中，声明一个对象实例后就会真正地产生一个实例，该对象实例就可以进行诸如赋值一类的操作。在 Java 中，除了基本类型及其包装类型(Integer、String 等)外，声明一个对象实例后，仅仅是跟一个引用符，并不会真正产生一个实例，其本质上就是一个“指针”。如果这个时候去操作该对象的成员，则会产生一个空指针异常。要产生一个对象实例，必须使用 new 操作符来显式创建。

在 C++ 中，如果使用 new 创建一个对象，则在该实例使用结束后，必须使用 delete 操作进行显式释放，否则就会造成内存泄漏，因此在 C++ 程序中，经常由于程序员的疏忽或者逻辑处理上的错误，导致对象没有被释放，进而造成内存泄漏。而在 Java 中，用户大可放心地去用 new 创建对象，而不用去管它们的释放，这一切 JVM 都会自动处理。正是因为这个原因，才使得 Java 程序员感觉不到指针的存在。JVM 的这种处理机制叫作 GC(Garbage Collection，垃圾回收)。

在 Java 中，当没有对象引用指向原先分配给某个对象的内存时，该内存便成为垃圾。JVM 的一个系统级线程会自动释放该内存块。垃圾回收能自动释放内存空间，减轻编程的负担，但垃圾回收的一个潜在缺点是它的开销影响程序性能。Java 虚拟机要做到垃圾自动回收，就必须追踪运行程序中有用的对象。也就是说，JVM 需要将程序中创建出来的对象管理起来，并持续跟踪，这样才能释放不再使用的对象，这一个过程需要花费处理器的时间。在一些占用内存很大的应用中，如果部分虚拟机参数设置得不合理的话，会触发 JVM 频繁进行 Full GC。可以想象，对于数十 GB 内存进行一次 Full GC 需要耗费一定量的处理器资源，可能导致应用出现各种异常。

Java 通常把堆内存分为年轻代(Young Generation)和老年代(Tenured Generation)。所有新生成的对象首先都放在年轻代，年轻代的目标就是尽可能快速地收集那些生命周期短的对象。年轻代内存按照 8:1:1 的比例分为一个 Eden 区和两个 Survivor(Survivor0、Survivor1)区。大部分对象在 Eden 区中生成，回收时，先将 Eden 区存活对象复制到一个 Survivor0 区，然后清空 Eden 区，当这个 Survivor0 区也存放满时，将 Eden 区和 Survivor0 区存活对象复制到 Survivor1 区，然后清空 Eden 和这个 Survivor0 区，此时 Survivor0 区是空的，然后将 Survivor0 区和 Survivor1 区交换，即保持 Survivor1 区为空，如此往复。当 Survivor1 区不足以存放 Eden 和 Survivor0 的存活对象时，就将存活对象直接存放到老年代，若老年代也满了，就会触发一次 Full GC，也就是年轻代、老年代都进行回收。年轻代发生的 GC 也叫作 Minor GC。Minor GC 发生的频率比较高(不一定等 Eden 区满了才触发)。在年轻代中经历了多次垃圾回收后仍然存活的对象，就会被放到老年代中。因此，可以认为老年代中存放的都是一些生命周期较长的对象。老年代的内存比年轻代大很多(大概比例是 1:2)，当老年代内存满时触发 Major GC，即 Full GC。Full GC 发生频率比较低。老年代对象存活时间比较长，存活率比较高。

以上对 JVM 的内存管理、回收机制进行了简单的描述，实际情况更复杂，感兴趣的读者可以阅读 JVM 调优方面的参考资料。

1.3.7 Java 程序分析调测工具

开发过程中，在集成开发环境中可以很方便地进行断点调试。当应用程序被部署到目标机上后，Java 也提供了丰富的手段，可以用于对程序进行分析和调测，主要包括 JConsole、JMap、JStack 以及远端断点跟踪功能等。尽管 Java 也提供了命令行调试工具 Jdb，但这个工具很少有人使用，此处不做介绍，感兴趣的读者可参阅 Java 官网的相关文档。

1. JConsole

JConsole 是 Java 提供的实时跟踪监测 Java 程序的分析工具。通过 JConsole 可以很方便地观测到程序中内存、线程等的运行状态，还可以修改 MBean 的属性值。

要使用 JConsole 观察远程的应用程序，需要在启动该应用程序的命令行中增加如下参数：

```
-Dcom.sun.management.jmxremote
-Dcom.sun.management.jmxremote.port=8888
-Dcom.sun.management.jmxremote.authenticate=false
-Dcom.sun.management.jmxremote.ssl=false
```

其中：

com.sun.management.jmxremote 表示启用远程 JMX (Java Management Extensions，Java

管理扩展)，JConsole 连接是通过 JMX 来进行的；

com.sun.management.jmxremote.port=8888 指定远程连接的端口号；

com.sun.management.jmxremote.authenticate=false 表示是否需要进行口令验证，如果指定为 true，则需要通过-Dcom.sun.management.jmxremote.pwd.file 来指定密码文件；

com.sun.management.jmxremote.ssl=false 表示是否启用 ssl 连接。

在命令行中增加了以上参数后，就可以远程使用 JConsole 连接程序进行实时监测。首先在安装了 Java(JDK)的机器上输入 JConsole 命令，弹出界面，选中远程进程，然后输入远程地址和端口，点击连接，如图 1-11 所示。之后弹出如图 1-12 所示的页面。

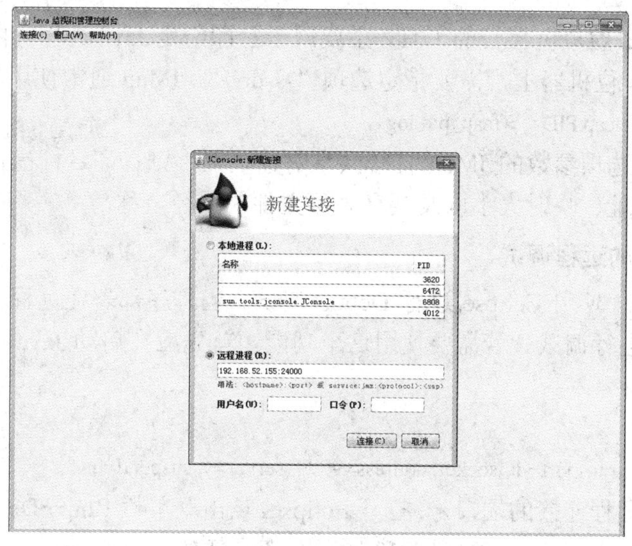

图 1-11　JConsole 连接(第 1 步)

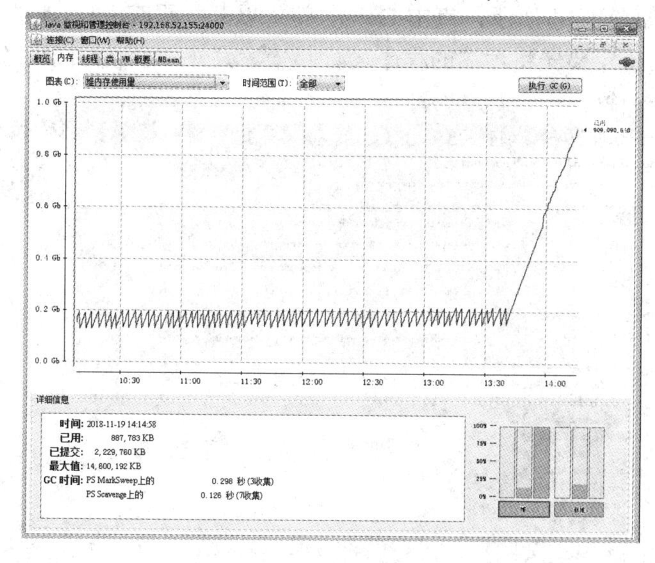

图 1-12　JConsole 连接(第 2 步)

2. JStack

JStack 是 Java 虚拟机自带的一种堆栈跟踪工具，用于打印给定的 Java 进程的堆栈信息。如果是在 64 位机器上，则需要指定选项“-J-d64”。注意：“-J-d64”中没有空格，还要注意大小写。通常我们会将 JStack 的输出定向到一个文件中，以便于查看。比如：

```
jstack -J-d64  PID  > stack_pid.log
```

其中，PID 是需要查看的 Java 进程的进程号，用于将当前的堆栈和线程信息输出到 stack_pid.log 文件中。

JStack 还有一个 -l 选项。通常当不带“-l”参数的 JStack 无响应时，通过加上“-l”参数进行强制抓取。

3. JMap

JMap 也是 Java 虚拟机自带的工具，主要用于打印给定 Java 进程的内存映像或者堆内存细节。同样在 64 位机器上，需要指定选项“-J-d64”。JMap 通常使用的方式如下：

```
jmap -J-d64 -heap PID  > map_pid.log
```

如果使用不带选项参数的 JMap 打印共享对象映射，则打印目标虚拟机中加载的每个共享对象的起始地址、映射大小以及共享对象文件的路径全称。

4. Eclipse 中的远程调试

在开发过程中，使用 Eclipse 进行 Debug 调试。当程序部署在远程机器上时，同样也可以使用 Eclipse 进行调试。若需要使用这个功能，首先应在启动 Java 程序时使用扩展参数项增加如下参数：

```
-Xdebug
-Xrunjdwp:transport=dt_socket, address=9999, server=y, suspend=n
```

其中，“9999”就是远程连接的端口号。打开 Eclipse，点击菜单栏 Run→Debug configurations，找到 Remote Java Application，如图 1-13 所示，双击新建一个 Debug 远程跟踪。输入远端机器 IP 和端口，如图 1-14 所示，点击 Debug 就可以开始跟踪(和本地进行跟踪相同)。在点击 Debug 之前，一定要先将远端的程序运行起来。另外，本地的代码必须和远程机器运行程序的代码完全一致。

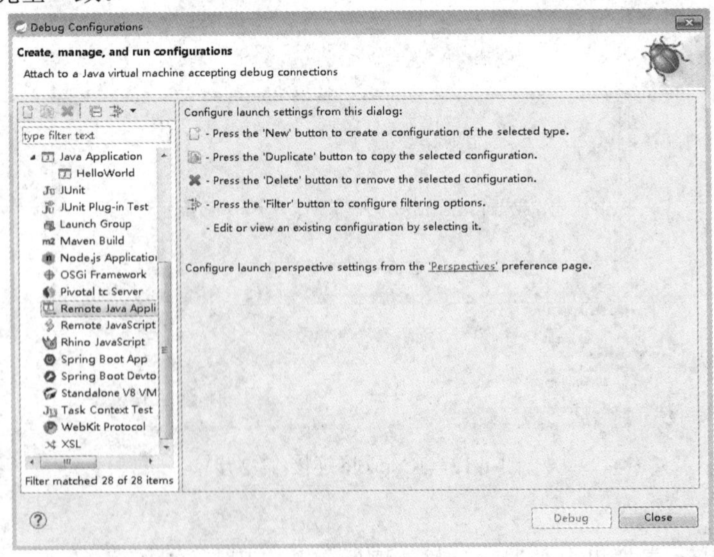

图 1-13　远程调试(第 1 步)

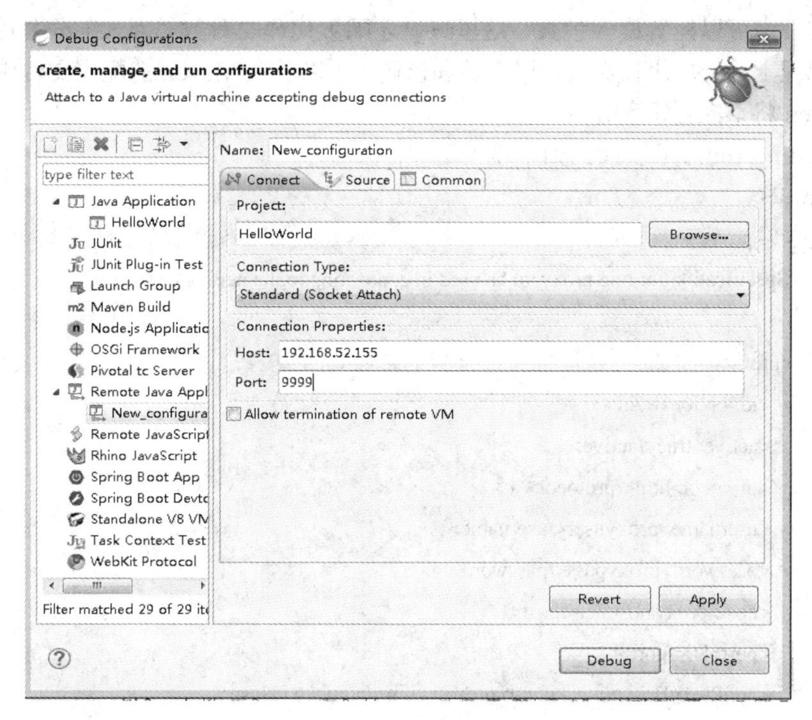

图 1-14　远程调试(第 2 步)

1.4　Maven

任何项目最终都需要向用户发布，但前面演示的“HelloWorld”只能在 IDE 环境下运行，所以它不是一个完整的面向用户的产品。用户拿到一个完整的交付产品后，通过简单的安装或者解压缩，用鼠标双击某个文件或者使用命令行运行某个文件即可。对于一个项目来说，构建和发布并不是一件很容易的事情，尽管已经有了诸多自动化工具来辅助，但还是有很多工作要做。

Maven 是当前基于 Java 平台的一款优秀的、应用最为广泛的项目构建工具。本节只讲述 Maven 的一些基本功能，帮助我们完成一般普通项目的构建。如果需要对 Maven 有更详细的了解，可以阅读 Maven 的相关专著或者在 Maven 的官网查看相关文档。另外，默认用户所使用的计算机已经接入了互联网，如果没有，使用 Maven 会比较麻烦，需要做相当多的准备工作，比如要使用 Nexus 建立私服等。

1.4.1　Maven 的配置文件

在开始使用 Maven 之前，下面先介绍 Maven 的配置文件 settings.xml。在 Windows 系统中，Maven 安装后会在当前用户的家目录(比如 C:\Users\shiminhua\)下生成一个 .m2 目录，这个目录就是 Maven 默认的本地仓库目录。配置文件 settings.xml 可以存放在两个地方：一处在 Maven 的安装目录%M2_HOME%\conf 下；另一处在 .m2 目录下。%M2_HOME%\conf 下的 settings.xml 是在全局范围起作用的，而 .m2 仅仅对当前用户起作用。

配置文件中可以配置许多参数，这里只讲述配置代理的参数。因为部分公司的计算机需要通过代理上网，并且需要输入用户名和密码，所以不在 Maven 的配置文件中配置代理的话，Maven 将不能正常工作。

打开 setting.xml，可以找到如下模板配置：

```
<proxies>
    <!-- proxy
    |Specification for one proxy, to be used in connecting to the network.
    |
    <proxy>
      <id>optional</id>
      <active>true</active>
      <protocol>http</protocol>
      <username>proxyuser</username>
      <password>proxypass</password>
      <host>proxy.host.net</host>
      <port>80</port>
      <nonProxyHosts>local.net|some.host.com</nonProxyHosts>
    </proxy>
    -->
</proxies>
```

这里就是配置代理，从关键字 proxies 的复数形式就可以看出，可以配置多个代理。如果配置了多个代理，则默认第一个 active 属性为 true，将被激活使用。我们所需要做的就是先将这一段描述的注释符<!--和-->去掉，或者直接拷贝出来，然后填写 username、password、host 以及 port 属性。最后一个属性 nonProxyHosts 表示不需要通过代理访问的地址，如果有多个，中间使用“|”隔开。

如果你的机器并不需要代理上网，略过以上操作按照默认即可。

1.4.2 pom.xml

像 C 中使用 Make 构建项目时需要 Makefile 一样，Maven 构建时需要的文件就是 pom.xml，因此说 pom.xml 是 Maven 构建的核心。POM(Project Object Model，项目对象模型)描述了项目声明、依赖以及构建方式等，也就是 pom.xml 告诉 Maven 构建该项目时需要使用哪些资源，按照什么样的方式来构建。

pom 文件通常由文件头、父项目、项目描述、module 块、propertie 块、项目依赖、构建方式段组成。

1. 文件头

文件头是必需部分，通常固定不变，主要遵循 xml 文件格式，用于定义命名空间以及遵守的约束。文件头部分如下：

```
<?xml version = "1.0" encoding = "UTF-8"?>
```

```
<project xmlns="http://maven.apache.org/POM/4.0.0"
        xmlns:xsi="http://www.w3.org/2001/XMLSchema-instance"
            xsi:schemaLocation="http://maven.apache.org/POM/4.0.0
http://maven.apache.org/maven-v4_0_0.xsd">
<modelVersion>4.0.0</modelVersion>
...
</project>
```

其中，第一行指明版本和编码格式；xmlns 定义默认的命名空间；xmlns:xsi 定义前缀 xsi 的命名空间；xsi:schemaLocation 定义指定了 xsi 的属性。

pom 中，所有的定义都包含在<project> </project>中。

2. 父项目(parent 块)

父项目段用来指定需要继承的父项目，父项目不是必需的，但在一个较大的项目中，通常都会使用父项目。父项目中会定义一些变量，用于各子项目继承、依赖版本的管理以及项目聚合等。以下是一个父项目的描述示例：

```
<parent>
    <groupId>com.hayee.javastudy</groupId>
    <artifactId>my-parent</artifactId>
    <version>2.0</version>
    <relativePath>../my-parent</relativePath>
</parent>
```

其中：

parent 标签标识出这是对父项目的描述。

groupId、artifactId 和 version 是 Maven 的定位三元素，任何一个组件或者项目都由这三个元素来唯一确定。groupId 通常是由该组件所属的公司组织命名的，比如 com.google、org.apache.sshd 以及 com.hayee.javastudy 等；artifactId 就是组件的名字；version 则是组件的版本。通常这个组件在仓库中被命名为 artifactId-version.jar 这样的格式。

relativePath 标识父项目 pom.xml 所在的位置，本例中使用了相对目录的形式，表示在本项目的上一级目录中 relativePath 不是必需的，如果没有给出这个属性，则 Maven 会按照一定的顺序去搜索，通常情况下也能找到，因为默认就是先去上一级目录查找。但是，在实际应用中应该明确指定这个值。另外，尽管这个值可以指定为任意目录，但并不建议这么做，一个好的项目应该就是一个树形的层次，因此每一个子项目的父项目必然是上一级目录的项目。

3. 项目描述

项目描述段用定位三元素来描述定义项目。本段中最为重要的属性是打包方式 packaging。打包方式有三种，即 pom、war 和 jar。pom 方式通常用于某个父项目，而父项目会包含各子项目，这样 Maven 在执行时就会按照包含子项目的顺序，逐次执行各子项目的 pom。war 和 jar 则是项目最终的打包形式。

需要注意的是，如果一个 pom 中包含了父项目段，则项目描述段就不需要 version 属性，这个属性将自动从父项目中继承。

```
<groupId> com.hayee.javastudy </groupId>
<artifactId>HelloWorld</artifactId>
<version>1.0.0</version>
<packaging>jar</packaging>
<name>My HelloWorld</name>
```

其中，name 属性只是一个描述，不是必需的。

4. module 块

module 块用于指出包含的子项目。在使用命令行对一个大的项目编译时，只需要在顶级的 pom 所在目录下执行 mvn 即可。由于顶级的 pom 中聚合了各子项目，因此最终所有的子项目都将得到编译。

```
<modules>
    <module>sub_module1</module>
    <module>sub_module2</module>
    <module>sub_module3</module>
</modules>
```

默认方式下，module 在父项目的下一级，因此只需要给出子项目的所在目录名称即可。当然，如果项目没有按照这种方式进行组织的话，则需要给出明确的路径。

上述示例中包含了三个子项目，分别是 sub_module1、sub_module2 和 sub_module3。

5. propertie 块

propertie 用于定义变量，这些变量还可以被子项目所继承使用。通过“${变量名}”就可以引用，定义变量时也可以嵌套变量。

```
<properties>
<sub_module1.output>
./sub1/target
</ sub_module1.output >
< sub_module2.output >
    ${ sub_module1.output }/sub_module2
</ sub_module2.output >
< sub_module3.output >
    ${ sub_module2.output }/sub_module3
</ sub_module3.output >
</properties>
```

上面定义了三个变量 sub_module1.output、sub_module2.output 和 sub_module3.output，取值分别是./sub1/target、${sub_module1.output}/sub_module2 和${sub_module2.output}/sub_module3。

6. 项目依赖(dependencies 块)

项目依赖段中描述了本项目需要依赖的组件，每一个依赖使用定位三元素来描述(如果在父项目中做了依赖版本管理的话，可以不需要 version 属性，具体可参考相关文档或者官网资料)。

```
<dependencies>
    <dependency>
        <groupId>org.log</groupId>
        <artifactId>slf4j-api</artifactId>
        <version>1.5.8</version>
    </dependency>
    <dependency>
        <groupId>org.log</groupId>
        <artifactId>logback-core</artifactId>
        <version>0.9.16</version>
    </dependency>
    <dependency>
        <groupId>org.log</groupId>
        <artifactId>logback-classic</artifactId>
        <version>0.9.16</version>
    </dependency>
</dependencies>
```

上述示例中描述了三个依赖组件。细心的读者可能会问，这些组件从什么地方获取或者需要放在什么地方呢？通常情况下，可以采用以下几种方式来获取这些组件。

(1) 私有仓库。Maven 编译时首先在本地私有仓库查找，如果查找不到则会到公有仓库中查找或者下载。

(2) 公有仓库。如果你的电脑是接入互联网的，则绝大多数组件 Maven 可以在公有仓库中自动下载并存放在本地的私有仓库中(Maven 安装好之后会有一个默认目录，这个目录就是本地仓库目录，可以通过修改 setting.xml 中的 <localRepository>/path/to /local /repo < /localRepository>来改变这个目录)。在这里，细心的读者可能会问，如果在私有和公有仓库中都找不到，并且相应的机器上也有这个 jar 文件，应该怎么做呢？是不是应该直接将该 jar 包拷贝到私有仓库中呢？在这里，很明确地说明，这么做是行不通的，后面的章节将会给出答案。

(3) 指定目录。可以在 dependency 中指定该组件所在的绝对目录。注意，必须是绝对目录。

```
<dependency>
    <groupId>org.log</groupId>
    <artifactId>logback-classic</artifactId>
    <version>0.9.16</version>
    <scope>system</ scope >
    <systemPath>d:/lib/myproject</systemPath>
</dependency>
```

上述示例中，要求 Maven 在 d:/lib/myproject 这个目录中获取 logback-classic-0.9.16.jar

文件。尽管这么做可以解决私有 jar 文件的依赖查找，而且 Maven 也可以很好地工作，但在实际环境中并不建议如此使用。因为指定了绝对目录后，项目的可移植性会大打折扣。正确的做法一般有两种。第一种方法是：如果这个组件本身也属于项目的一部分，那么在使用 Maven 编译该组件时，加上 install 参数，这样 Maven 在编译完成后，就会自动将该组件安装到私有仓库。第二种方法通常用于在共有仓库和私有仓库中找不到不属于自己项目的组件的情况。比如，使用 Oracle 数据库时，Oracle 的驱动程序就需要手动安装。安装这种文件之前，需要进入该文件所在的目录，否则会报找不到 pom 的错误。下面就给出安装 Oracle 驱动组件 ojdbc14.jar 的命令。

```
mvn install:install-file-DgroupId=com.oracle-DartifactId=ojdbc14-Dversion=10.2.0.4.0-Dpackaging=
jar -Dfile=ojdbc14.jar
```

7. 构建方式段(build 块)

构建方式段是整个 pom 中最为复杂的段。构建方式段的功能由许多 Maven 插件来完成，同样的功能可以由不同的插件来完成。下面只讲述几个常用的插件，通过使用这些插件基本能满足一般项目的构建。其他更详细的内容，读者可以参阅相关书籍或者 Maven 官网资料。

构建方式段一般由编译部分、资源拷贝部分、依赖拷贝部分以及打包部分组成。

1) 编译

编译通常使用的插件是 maven-compiler-plugin。

```
<plugin>
    <groupId>org.apache.maven.plugins</groupId>
    <artifactId>maven-compiler-plugin</artifactId>
    <version>3.6.0</version>
    <configuration>
    <source>1.8</source>
    <target>1.8</target>
    <encoding>UTF-8</encoding>
    </configuration>
</plugin>
```

其中，version 属性指的是 Maven 的版本，并不是项目的版本号；1.8 指的 JDK 的版本；encoding 表示使用的编码格式。

2) 资源拷贝

资源拷贝可以直接使用 resources 标签来完成，也可以用插件 maven-resources-plugin 来完成。下边我们用 resources 标签来举例：

```
<resources>
    <resource>
        <directory>src/main/resources/config</directory>
        <targetPath> target/config</targetPath>
        <includes>
```

```
            <include>**/*.yml</include>
        <include>**/*.xml</include>
    </includes>
        <filtering>false</filtering>
    </resource>
    <resource>
        <directory> src/main/resources/script </directory>
        <targetPath> target/script</targetPath>
        <includes>
            <include>**/*</include>
        </includes>
        <filtering>false</filtering>
    </resource>
</resources>
```

上述示例中定义了两个资源拷贝，分别将 src/main/resources/config 目录及其子目录下的所有 yml 和 xml 文件拷贝到 target/config 目录下，将 src/main/resources/script 目录及其子目录下的所有文件拷贝到 target/script 目录下。

3) 依赖拷贝

在项目发布时，通常都需要提供项目依赖的所有组件，将它们放在 lib 目录下，这样发布的项目就可以独立运行。通常使用的插件是 maven-dependency-plugin。

```
<plugin>
    <groupId>org.apache.maven.plugins</groupId>
    <artifactId>maven-dependency-plugin</artifactId>
    <version>2.10</version>
    <executions>
    <execution>
        <id>copy-dependencies</id>
        <phase>package</phase>
        <goals>
            <goal>copy-dependencies</goal>
        </goals>
        <configuration>
            <outputDirectory>target/lib</outputDirectory>
        </configuration>
    </execution>
    </executions>
</plugin>
```

上述示例中，将项目依赖的所有组件拷贝到 target/lib 目录下。

4) 打包

根据打包的形式不同，使用的插件也不同，下面主要介绍 jar 包插件 maven-jar-plugin 的使用。

```
<plugin>
    <groupId>org.apache.maven.plugins</groupId>
    <artifactId>maven-jar-plugin</artifactId>
    <version>2.4</version>
    <configuration>
        <includes>
            <include> src/main/java/**/*</include>
        </includes>
        <outputDirectory>target/</outputDirectory>
        <archive>
          <manifest>
            <addClasspath>true</addClasspath>
            <classpathPrefix>./lib</classpathPrefix>
            <mainClass> com.hayee.javastudy.HelloWorld</mainClass>
          </manifest>
        </archive>
    </configuration>
</plugin>
```

上述示例中，告诉 Maven 只打包 src/main/java 下的所有文件，也就是说只打包代码，不包含任何资源文件，并将其输出到 target 目录下。manifest 段用来在 manifest.mf 文件中增加启动类的一些属性，addClasspath 表示要添加类路径；classpathPrefix 表示类路径；mainClass 表示启动类类名。

综上所述，一个完整的 pom.xml 如下：

```
<?xml version = "1.0" encoding = "UTF-8"?>
<project xmlns="http://maven.apache.org/POM/4.0.0"
    xmlns:xsi="http://www.w3.org/2001/XMLSchema-instance"
        xsi:schemaLocation="http://maven.apache.org/POM/4.0.0
http://maven.apache.org/maven-v4_0_0.xsd">
<modelVersion>4.0.0</modelVersion>

    <!--  项目描述  -->
    <groupId> com.hayee.javastudy </groupId>
    <artifactId>HelloWorld</artifactId>
    <version>1.0.0</version>
    <packaging>jar</packaging>
    <name>My HelloWorld</name>

    <!--  项目依赖  -->
```

```xml
    <dependencies>
        <dependency>
            <groupId>org.log</groupId>
            <artifactId>slf4j-api</artifactId>
            <version>1.5.8</version>
        </dependency>
        <dependency>
            <groupId>org.log</groupId>
            <artifactId>logback-core</artifactId>
            <version>0.9.16</version>
        </dependency>
        <dependency>
            <groupId>org.log</groupId>
            <artifactId>logback-classic</artifactId>
            <version>0.9.16</version>
        </dependency>
    </dependencies>
<!--  项目构建  -->
<build>
<!--  资源拷贝 -->
    <resources>
        <resource>
            <directory>src/main/resources/config</directory>
            <targetPath> target/config</targetPath>
            <includes>
                <include>**/*.yml</include>
                <include>**/*.xml</include>
            </includes>
            <filtering>false</filtering>
        </resource>
        <resource>
            <directory> src/main/resources/script </directory>
            <targetPath> target/script</targetPath>
            <includes>
                <include>**/*</include>
            </includes>
            <filtering>false</filtering>
        </resource>
          </resources>
    <plugins>
```

```
<!--  编译 -->
    <plugin>
<groupId>org.apache.maven.plugins</groupId>
<artifactId>maven-compiler-plugin</artifactId>
<version>3.6.0</version>
<configuration>
    <source>1.8</source>
    <target>1.8</target>
    <encoding>UTF-8</encoding>
  </configuration>
  </plugin>
  <!--  依赖拷贝 -->
  <plugin>
    <groupId>org.apache.maven.plugins</groupId>
    <artifactId>maven-dependency-plugin</artifactId>
    <version>2.10</version>
    <executions>
      <execution>
        <id>copy-dependencies</id>
        <phase>package</phase>
        <goals>
          <goal>copy-dependencies</goal>
        </goals>
        <configuration>
          <outputDirectory>target/lib</outputDirectory>
        </configuration>
      </execution>
    </executions>
  </plugin>
  <!--  打包 -->
  <plugin>
    <groupId>org.apache.maven.plugins</groupId>
    <artifactId>maven-jar-plugin</artifactId>
    <version>2.4</version>
    <configuration>
        <includes>
            <include> src/main /java/**/*</include>
        </includes>
    <outputDirectory>target/</outputDirectory>
    <archive>
      <manifest>
```

```
                <addClasspath>true</addClasspath>
                <classpathPrefix>./lib</classpathPrefix>
                <mainClass> com.hayee.javastudy.HelloWorld</mainClass>
              </manifest>
            </archive>
          </configuration>
        </plugin>
      </plugins>
    </build>
</project>
```

1.4.3　Maven 执行

尽管 Maven 可以集成到 Eclipse 中，但由于稳定性等原因，并不建议采用这样的方式。使用 Maven 时，最好还是使用命令行。

Maven 的命令行的执行方式非常多，非常灵活，本节只简单介绍 Maven 编译、打包时的常用命令。

在使用 Maven 打包时，首先进入项目顶层的 pom.xml 所在的目录，然后执行如下命令：

```
mvn clean compile package install
```

这样就可以对项目进行编译和打包，并且将其安装到本地私有仓库。以上四个参数可以单独输入，分别代表了 Maven 的不同生命周期。如果不需要安装项目到本地私有仓库，则可以去掉 install 参数。在 Maven 执行编译时，默认会执行单元测试。当编写的工程中包含了单元测试工程，单元测试出现问题时，如果想要跳过单元测试执行，则在 Maven 执行的命令行中增加“-Dmaven.test.skip=true”执行选项即可。

1.5　持 续 集 成

近年来，随着互联网软件的发展，持续集成(CI，continuous integration)已经成为了软件项目开发的一个标准环节。

持续集成指的是频繁地将代码集成。集成在广义上不但包括编译、自动测试，还包括持续部署和交付。当开发人员将代码提交到代码仓库后，持续集成环境根据指定的策略开始自动集成，通过频繁地集成，可以快速发现错误，让产品快速迭代，同时还能保持高质量。

构建一套良好的持续集成环境并不是一件很容易的事情，本节只简单描述持续集成所需的工具，关于如何搭建持续集成环境和实施持续集成，感兴趣的读者可以参阅持续集成的相关专著。

持续集成所需要的工具包括代码版本控制工具、编译打包工具、Jenkins 以及 Docker。其中，代码版本控制工具的作用就是保存代码，控制不同版本的代码，流行的代码版本控制工具有 SVN 和 Git。SVN 是一款开源的集中式版本控制工具，Git 是一款开源的分布式版本控制工具。两者各有优劣，截至当前，似乎 Git 更为流行一些。编译打包工具主要有 Maven 和 Gradle。Gradle 不再使用 xml 进行声明，而是使用一种基于 Groovy 的特定领域语言(DSL)来声明项目设置，Gradle 目前相对较新。Jenkins 是持续集成的核心工具，也是一款开源软件。早些时候，Hudson 应用更为广泛，后来 Hudson 被收购，该开发团队开发了 Jenkins。到现在，Jenkins 已经逐步取代了 Hudson。Docker 是一个轻量级的容器工具，利用 Docker 可以很容易地将项目进行自动部署。Docker 在持续集成的测试环节中有着非常重要的作用。

第 2 章　Java 基本程序结构

2.1　数 据 类 型

Java 的语法与 C++ 非常相似，一些基础的语法完全相同。比如，每条语句以“;”结束，代码段使用“{}”来包裹，代码行的格式比较随意。但 Java 剔除了 C++ 中许多很少使用、难以理解、易混淆的特性，比如操作符重载、虚基类以及多重继承等。另外，Java 也没有头文件、指针运算(甚至指针语法)、结构、联合等。

阅读本书的前提是读者已经了解了 C 语言或者其他编程语言的基础知识，因此本书不会用太长篇幅讲述基本语法，对于和 C 语言有明显区别的，将专门指出或者详细描述。

本章主要介绍 Java 的基本程序结构。

2.1.1　基本数据类型

在 Java 中，一共有 8 种基本类型(primitive type)，分别是 int、short、long、byte、float、double、boolean 和 char。其中，int、short、long、byte、float、double 属于数值型。在 Java 中没有无符号数，所有的数值都是有符号数。表 2-1 列出了以上类型的取值范围。

表 2-1　数值类型

类型	取值类型	占用字节	取 值 范 围
int	整型	4	−2 147 483 648～2 147 483 647
short	整型	2	−32 768～32 767
long	整型	8	−9 223 372 036 854 775 808～9 223 372 036 854 775 807
byte	整型	1	−128～127
float	浮点	4	大约 ±3.402 823 47E + 38F(有效位数为 6～7 位)
double	浮点	8	大约 ±1.797 693 134 862 315 70E + 308(有效位数为 15 位)

需要注意的是，float 类型的数值有一个后缀 F(如 3.402F)。没有后缀 F 的浮点数值(如 3.402)默认为 double 类型。当然，也可以在浮点数值后面添加后缀 D(如 3.402D)。另外，浮点数值不适用于禁止出现舍入误差的金融计算中。例如：

```
double d1 = 2.0;
double d2 = 1.1;
double diff = d1 – d2;
```

计算结果并不是 0.9，而是 0.899 999 999 999 999 9，这是因为通过二进制计算出的结果是一个无穷循环数，正如在十进制中 1/3 的计算结果是 0.333 333。因此，需要做此类计算时需要使用 BigDecimal 类。

boolean 是布尔类型，只有 false 和 true 两个值，用来逻辑判断。布尔类型不能和数值类型进行强转。在 C 中没有专门的布尔类型，0 表示 false，非 0 表示 true。

char 是字符类型，在 C 中占用 1 个字节，相当于 Java 的 byte 类型，表示一个字符(当然，只能是一个字节所能表示的基础字符集，比如 ASCII 码等)。但 char 在 Java 中有些特殊，它表示 1 个字符，但并不一定是 1 个字节，根据编码格式的不同，占用的字节数也不同。这是由于支持多语言而引入的，如 UTF-8、UTF-16，Java 本身支持多种编码格式。在通常的开发中，并不建议使用 char 类型，而是使用 String 类型。String 屏蔽了编码格式所带来的一些混淆，让程序处理看起来更符合人们的日常逻辑。

Java 对所有的基础类型都提供了一个封装(包装)类型(大多情况下，这些类型和基础类型的使用差异不是太大)还提供了很多方法。尽管这些封装过的类型也是对象，但这些对象可以直接声明使用，并不需要使用 new 操作符创建。但需要注意的是，使用这些封装类型时不建议使用“==”进行比较，而应使用 equals 方法[①]。

除了 int 和 char 类型外，其他基础类型的封装类型均为基础类型的首字母大写，如 short/Short、byte/Byte、long/Long、float/Float、double/Double、boolean/Boolean。int 的封装类型为 Integer，char 的封装类型为 Character。

2.1.2　String

String 类型是 Java 中使用最为频繁的类型之一，而且功能很强，屏蔽了编码格式多所带来的混淆。

1. 获取字符串长度

可以使用 length 方法获取一个字符串的长度。需要注意的是，该长度指的是字符长度，而不是所占字节长度。在 String 使用中，我们应该忽略字节长度这个概念。

```
String hello = "Hello World! "
int len = hello.length();
System.out.println("len = " + len);
// len =12
```

上述代码输出的长度是 12。如果我们将字符串换成中英文混合：

```
String love = "我爱 Java";
System.out.println("len = " + love.length());
//len = 6
```

上述代码输出的长度为 6，包括 2 个中文字符和 4 个英文字符。

对于一个 C 程序员来说，可能还是很纠结字符串实际占用的字节个数，这可以通过 getBytes().length 获取。比如：

```
String love = "我爱 Java";
System.out.println("size = " + love.getBytes().length);
```

---

① 当使用“==”对 Integer 和 int 类型进行比较时，可以得出正确的结果；当使用“==”对两个 Integer 类型进行比较时，比较结果和取值范围有关。

该输出和所设置的编码格式有关。在 UTF-8 下，输出为 size = 10，在 UTF-16 下输出为 size = 14。

2. 字符串比较

在 C 语言中，使用 strcmp 标准库函数可以比较两个字符串，这个函数不仅能比较两个字符串是否相等，还能比较字符串大小。在 Java 中比较两个字符串是否相等的方法是 equals 或 equalsIgnoreCase(后者忽略大小写)。如果需要按照字典序进行大小比较，则可以使用 compareTo 方法。字符串不支持“>”“<”符号，却支持“==”符号。尽管支持“==”符号，但是这个比较结果很可能并非我们的初衷。

除了基本类型的数值类型可以使用“==”比较外，其余类型都需要避免使用“==”比较，因为对于字符串或者其他对象来说，使用“==”比较表示这两个对象的地址是相同的。对于字符串来说，通常的逻辑是两个字符串的内容相同就认为是相等，而这两个对象并不存储在同一个地方。其他对象如果需要比较，则应该重写 equals 方法，这个后面将会讲述。

```
String hello = "HelloWorld!";
if ("HelloWorld! ". equals(hello)){
        System.out.println("It's equal. ");
}else{
        System.out.println("It's not equal. ");
}
// It's equal.
```

以上代码段将输出“It's equal.”。

3. 字符串构建

字符串可以用“+”来拼接，从前面的部分示例中可以看到，使用“+”连接数值类型，如果字符串用“+”连接数值类型，则 Java 会自动将数值类型转为字符串。尽管 Java 提供了格式化的输出方法，但编程人员用的并不多，原因就是格式符太多，不如用“+”更便捷。

构建简单字符串通常使用“+”就可以完成，构建比较长的字符串通常需要使用 StringBuilder 或者 StringBuffer 类，这两者所包含的方法相同，只不过后者是线程安全的。也就是说，多线程情况下，需要考虑使用 StringBuffer，这意味着 StringBuffer 的效率要比 StringBuilder 低一些。

```
String hello = "Hello";
String world = "World";
StringBuilder strBuilder = new StringBuilder();
strBuilder.append(hello);
strBuilder.append(" ");
strBuilder.append(world);
strBuilder.append("!");
System.out.println(strBuilder.toString());
//Hello World!
```

以上代码段将输出“Hello World!”。

StringBuilder 还提供了插入和删除等多种方法。另外，String 本身也有很多方法，比如有取长度、比较等方法，还有子串查找、替换、移除空格、移除指定的后缀、按照指定的符号进行字符串分裂等方法。字符串更多的方法以及其他 Java 所提供的 API 都可以在联机文档中查看。API 文档是 JDK 的一部分，通过浏览器打开 JDK 安装目录下的 docs/api/index.html 就可以看到联机帮助文档。

2.1.3　运算符

Java 的绝大多数运算符和 C 保持一致，包括算术运算符、比较运算符、逻辑运算符以及位运算符等。

虽然 Java 中没有 sizeof 运算符，但是多了 instanceof 运算符，这个运算符判断是否为给定的某个对象的实例，返回布尔值。

在移位运算中，Java 和 C 稍微有些不同。在 C 中，提供了左移“<<”和右移“>>”两种移位运算符。在 Java 中，不但提供了这两种运算符，还增加了“>>>”运算符，而且其中的“>>”运算符的含义和 C 中有所不同。

左移“<<”操作符的含义，C 和 Java 都是一样的，左移一位，最低位用 0 填充。

右移“>>”操作符的含义，C 和 Java 有些差异。在 C 中，如果是无符号数，则右移后高位填充 0；如果是有符号数，则右移后填充符号位。在 Java 中，没有无符号数，所以右移操作后，使用符号位填充高位。为了补充高位填充 0 的操作，引入了“>>>”运算符，“>>>”右移后，高位使用 0 填充。

2.1.4　数组

在 Java 中，数组的“[]”符号更像一种数据类型，在声明或者实例化一个数组时，一般使用“变量类型[]”格式。比如：

```
int[] arrayA;
```

声明了一个 int 数组 arrayA。尽管也可以使用

```
int arrayA[];
```

声明数组，但这种风格更偏向于 C 风格，而 Java 程序员更喜欢前一种风格。数组在声明的同时可以初始化。比如：

```
int[] arrayA = {1, 2, 3, 4};
```

当然，也可以使用 new 操作来初始化。比如：

```
int[] arrayA = new int[] {1, 2, 3, 4};
```

这两种方式没有什么不同。需要注意的是，声明或者初始化一个数组时，不能像 C 中那样，指定数组的长度。比如：

```
int[10] arrayD; //error
int arrayE[10];//error
```

要指定数组长度，只能在使用 new 创建一个数组时指定，并且不能紧跟初始化赋值。

```
int [] arrayF = new int[3]; //ok
int [] arrayG = new int[] {1, 2, 3}; //ok
int [] arrayH = new int[3] {1, 2, 3}; //error
```

两个数组变量可以使用“=”进行赋值，但是赋值后，只是数组的引用，如果需要复制内容，则需要使用 Arrays 的 copyOf 方法。Java 的 Arrays 类提供了许多数组操作的方法和属性，包括数组的长度、排序以及二分查找等，具体可参考 API 文档。

2.1.5 常量

在 C 中，通过 define 宏定义定义常量；在 C++中，使用 const 定义常量。但在 Java 中，既没有宏定义，也没有 const，Java 中全局的常量通常会放在一个接口或者类中。比如：

```
public class Constant {
    public static final int LOG_LEVEL_CRITICAL = 1;
    public static final int LOG_LEVEL_EROR = 2;
    public static final int LOG_LEVEL_WARN = 3;
    public static final int LOG_LEVEL_INFO = 4;
}
```

这样就可以通过类名直接引用。比如：

```
int logLevel = Constant.LOG_LEVEL_CRITICAL;
```

final 关键字表示只能赋值一次，赋值后就不能被改变。

有些程序员喜欢使用枚举类型来充当常量使用，在 Java 中枚举类型的功能比较强大，后续章节将会对其进行详细讲述。

2.2 控制流程

Java 中的控制流程和 C 语言中的几乎相同，包括作用块、if/else 结构、while、do/while 以及 for 循环。Java 中还提供了另外一种更好用的 for 循环，通常称之为 for each 循环，这种循环在 Java 代码中出现的频率非常高。

2.2.1 块作用域

块(即复合语句)是指由一对花括号括起来的若干条简单的 Java 语句。块确定了变量的作用域。一个块可以嵌套在另一个块中。也就是说，在某个块中定义的变量仅仅可见于这个块内。在嵌套块中，Java 不允许重复定义变量。尽管从块作用的理论上讲，这么做是可行的，但很容易造成程序出现错误。

```
public static void main(String[] args) {
    int k = 1;
    {
        int k = 2;          //error, redefined
    }
}
```

上述代码中，变量 k 出现了重复定义，编译将会报错。代码块不一定需要 if 等控制关键字来引导，可以像上述示例一样，出于某种变量作用域的考虑，直接使用一个代码块。例如：

```
public static void main(String[] args) {
    {
        int k = 1;
        System.out.println("first k is " + k);
    }
    {
        int k = 2;
        System.out.println("second k is " + k);
    }
}
```

上述代码的输出如下：

```
first k is 1
second k is 2
```

从上述代码中可以很明显地看出变量 k 的作用域。

又如：

```
public static void main(String[] args) {
    {
        int k = 1;
        System.out.println("inner k is " + k);
    }
    System.out.println("out k is " + k); //error, over the scope
}
```

这段代码会报一个未知变量的错，编译不通过，这是因为变量 k 超出了作用域，在块外不可见。

2.2.2 条件语句

一个完整的条件语句如下：

```
if (condition1){
    ...
}else if (Condition2){
    …
}else{
    …
}
```

其中，else if 子句和 else 子句都不是必需的。需要注意的是，在 if/else 结构中，无论有多少个 else if 子句，最终只有一个并且是从上往下第一个满足条件的子句会被执行。

```
public static void main(String[] args) {
    int k = 10;
    if (k > 10) {
        System.out.println("fist condition!");
```

```
        } else if (k > 8) {
            System.out.println("second condition!");
        } else if (k > 6) {
            System.out.println("third condition!");
        } else {
            System.out.println("final condition!");
        }
    }
    // second condition!
```

以上代码输出“second condition!”。

2.2.3 循环语句

Java 中有 while 和 do/while 循环，也有 for 循环，其用法和 C 中的相同。以下是三种结构的一般用法。

1. while 循环

```
while (Condition){
    //do something
}
```

2. do…while 循环

```
do {
    //do something
}while (Condition)
```

3. for 循环

```
for (Statement1; Condition; Statement2){
    //do something
}
```

比如：

```
for (int i = 1;   i   < 10;   i++ ){
    System.out.println("i = " + i);
}
```

4. for each 循环

for each 循环是 Java 中最重要、最常用的循环，主要用于遍历数组以及集合等。虽然叫 for each 循环，但没有 each 关键字(Java 8 中提供了真正的 forEach，因此这里的 for each 循环叫作增强型 for 循环更合适，forEach 循环见后续章节)。

for each 的语法如下：

```
for (variable var : collection) {
    //do something
}
```

尽管在遍历数组时，我们可以通过获取数组的长度，采用普通形式的 for 遍历，但使用这种增强型的 for 循环更为方便。比如，遍历一个数组：

```
int[] arrayA = {10, 20, 30, 40, 50};
for (int k : arrayA){
    System.out.println("k = " + k);
}
```

2.2.4 switch

Java 也提供了 switch 语句，其用法和 C 语言中的基本相同。要注意的是，在 switch 中，每一个子判断应该提供 break，否则将会继续进行下一个子判断。

```
int val = ...;
switch(val){
    case someval1:
    //do something
    break;
    case someval2:
    //do something
    break;
    case someval3:
    //do something
    break;
    default:
    //do something
    break;
}
```

2.2.5 中断语句

Java 中除了 break 中断语句外，同样也提供了 continue 语句，continue 用于结束本次循环。Java 的 break 语句相比于 C 语言中的功能上有所提升，即 break 后边可以带上一个跳转标签，这时就有点类似 goto 的功能，而且 break 加上跳转标签的语句可以用于任何地方，作用就是跳转到标签处。Java 设计者没有使用 goto 语句，是因为通常情况下，goto 被认为是一种不好的程序设计风格，但部分程序员并不认同，他们认为在一个嵌套很深的地方，一个 goto 跳出，显得是那么优雅而又不失时机。所以 break 加标签的方式可以看作 Java 设计者对 goto 的一种妥协。

标签就是一个名字后边加上“:”。比如：

```
label_readend:
while(true){
    // do something
    if (condition){
    break label_readend; }
}
```

需要注意的是，上面虽然提到 break 加标签类似 goto 功能，但还和 goto 有所不同：在 C 中，goto 可以跳到任何能访问到的地方；而 Java 的 break 中的标签只能放在循环、判断等关键字或者语句块前，且标签和关键字或者块之间不能放入任何语句，否则会报找不到标签的错误。

2.2.6　try 块

Java 提供了 try…catch…finally 语句块，用于处理程序中出现的异常或者在程序结束前释放资源。catch 子句和 finally 子句不是必须配对的，也就是说可以只使用 try…catch 块，也可以只使用 try…finally 块。

```
try {
    //do some thing
}catch(Exception e){
    // do something for exception
    e.printStackTrace();
}finally{
    //do something for release resources.
}
```

catch 子句用于捕获 try 块中的异常，比如 IO 异常、网络异常等。finally 子句通常用于处理程序结束前的资源释放。

如果 try 块中出现异常，则停止执行异常后的语句，直接进入 catch 块执行，catch 块执行完成后，进入 finally 块执行。

有趣的是，当 finally 块中出现 return 语句的时候，finally 中的 return 将覆盖 try 或者 catch 块中的 return。

```
public static void main(String[] args) {
    int result = demo();
    System.out.println("result = " + result);
}
private static int demo() {
    try {
        return 1;
    } finally {
        return 2;
    }
}
```

以上代码将输出“result = 2”。

因此，除非真的有必要，通常情况下不要在 finally 块中使用 return，否则容易导致程序流程的混乱。

第3章　类

类(class)是面向对象程序设计的一个重要概念，是构造或者创建对象的模板。类包含这一类对象所具有的属性、方法、产生过程。在《Java 核心技术》一书中，作者如此描述类和对象的关系：我们可以将类想象成小甜饼的切割机，将对象想象为小甜饼。由类构造(construst)对象的过程称为创建类的实例(instance)。从另外一个角度，我们可以认为类是对某一类事物的描述和定义，是一种概念，而对象则是实实在在的一个事物。比如，苹果类就会定义什么叫苹果，苹果是怎么产生的，苹果有哪些属性特点，苹果可以做什么等，而苹果对象是一个个具体的苹果，它们都是苹果类的实例。再如，人是一个类，而对于某个具体的人来说，就是人类的实例，是可以使用国籍、身份信息、DNA 等唯一识别的人。当然，对于苹果、人来说，没有办法产生两个完全相同的苹果或者人，但是在程序设计中，可以有完全相同的两个类对象实例。

3.1　类的定义

类由关键字 class 引导定义，由域(也可以称为属性)、构造器和方法组成。大多数情况下，在 class 前还需要加上 public 修饰符，表示该类对外是可见的。

```
public class ClassName{
    field1;
    fileld2;

    Constructor1;
    Constructor2;

    method1;
    method2;
}
```

类中的域、构造器以及方法都可以使用可见性修饰符来限制其可见范围。

3.2　控制可见范围的修饰符

Java 提供了 public、private、protected 以及默认四种可见修饰方式。这些修饰方式可以用于类本身、域、类的方法以及类的构造器。

public：表示公开，对任何类都可见。

private：表示私有，只对本类可见，只能是本类中的方法才可以使用。需要注意的是，即使对本类的实例也不可见。

protected：表示受保护，对本包和子类可见。

默认：表示什么修饰符都不加，对本包可见。

在 Java 中，域可以修饰为 public，通过类名(如果是静态变量)或者类变量来引用或者修改，不过这种方式更倾向 C++ 方式，并不太受 Java 程序员的欢迎。在 Java 中通常将域修饰为 private，如果需要对外暴露，则由提供 public 方式的访问器/更改器来进行访问和修改，也就是所谓的 getter 和 setter 方法。getter 和 setter 方法几乎已经约定俗成了，方法名通常以“get”或者“set”加域首字母大写的名字构成。前面也提到过，这些方法可以通过 IDE 自动生成。在需要增加访问器/更改器的空白处点击鼠标右键，在弹出的菜单中选择 Source→Generate Getter and Setters，在弹出的窗口中勾选需要创建访问器的域，点击“OK”按钮就可以生成。

3.3 构 造 器

构造器的作用就是告诉 new 操作符如何创建一个对象，通常会在构造器中做一些初始化的工作。构造器与类同名，每个类可以有一个以上构造器，构造器可以携带参数，而且没有返回值，构造器总是伴随着 new 操作一起调用。

```
public class Person {
    private String name;
    private Integer age;
    private Integer sex; //1: male, 2: female
    private String favorite;

    public Person(String n_name, Integer n_age, Integer n_sex){
        name = n_name;
        age = n_age;
        sex = n_sex;
        favorite = "Nothing";
    }
    public Person(String n_name, Integer n_age, Integer n_sex, String n_favorite){
        name = n_name;
        age = n_age;
        sex = n_sex;
        favorite = n_favorite;
    }
    public String getName() {
        return name;
    }
    public void setName(String name) {
```

```
        this.name = name;
    }
    public Integer getAge() {
        return age;
    }
    public void setAge(Integer age) {
        this.age = age;
    }
    public Integer getSex() {
        return sex;
    }
    public void setSex(Integer sex) {
        this.sex = sex;
    }
    public String getFavorite() {
        return favorite;
    }
    public void setFavorite(String favorite) {
        this.favorite = favorite;
    }
}
```

以上程序定义了一个 Person 类，域有姓名、年龄、性别以及爱好，并且有两个构造器，第一构造器有三个参数，第二个构造器有四个参数。第一个构造器中没有携带对“favorite”属性的赋值，因此在构造器中默认为“Nothing”；第二个构造器则携带了四个参数。

这里就引出了重载(overloading)的概念。重载指的是同名的方法，但参数或者返回值不同。

在构造器的实现中，将构造器携带的参数赋值给域变量，就实现了域变量的初始化。需要说明的是，域变量不仅可以在构造器中初始化，还可以在域变量声明时直接赋值。另外，细心的读者还会发现在构造器的参数中，每个参数名前加了“n_”前缀。这个前缀的主要作用是和域变量加以区别，那么有没有一种方法使构造器的参数名称和域变量名称保持相同又不会引起混淆呢？答案是肯定的，其实上面代码中的访问器/更改器中就是使用 this 来引用域变量的。

如果一个类不提供构造器，那么 Java 将会提供一个没有参数的默认构造器，这个默认构造器将所有的实例域设置为默认值。于是，实例域中的数值型数据设置为 0，布尔型数据设置为 false，所有对象变量设置为 null。如果一个类提供了有参构造器，没有提供无参构造器，那么在构造对象时直接使用无参构造器将会出现错误。

如果一个类的域包含对象，则默认构造器会将对象变量置为空。比如，某个类中含有 List<String> list 这样的成员，默认构造器并不会实例化一个 list，只是简单置 list = null，调用 list 的方法就会报空指针错误。因此，对于包含对象的类，通常应提供无参构造器，在构造器中实例化域对象变量。

通常构造器完成的功能就是将构造器的参数赋值给类的域变量，这种代码就像一种格式化代码。对于这种完成体力活的代码，Eclipse 可以帮助我们完成。在需要生成构造器的空白处，单击鼠标右键，在弹出的菜单中选择 Source→Generate Constructor using fields，在弹出的窗口中勾选需要赋值的域，点击“OK”按钮就可以生成。

3.4　this

this 就表示类自己，在类中可以使用 this 显式引用类中的域变量和方法。在类的方法中，方法的参数可以和域变量名称、类型相同，也可以声明一个和域变量名称、类型相同的局部变量(当然，方法内的局部变量不能和参数变量重名，这样会导致一个重名错误)，如果引用域变量的话，可用“this.域变量”来引用。也就是说，根据变量的作用范围，如果变量不加 this 来引用，则 Java 首先认为是局部变量或者参变量；如果局部变量和参变量都没有这个变量，则认为该变量是域变量。下面是我们改写的 Person 类，省去了访问器和更改器，增加了 outName 和 outFavorite 方法，用来演示变量重名。

```
public class Person {
    private String name;
    private Integer age;
    private Integer sex;                    //1: male, 2: female
    private String favorite;

    public Person(String name, Integer age, Integer sex){
        this.name = name;
        this.age = age;
        this.sex = sex;
        this.favorite = "Nothing";
    }

    public Person(String name, Integer age, Integer sex, String favorite){
        this.name = name;
        this.age = age;
        this.sex = sex;
        this.favorite = favorite;
    }
    public void outName(String name){
        //String name = “Jason”; error,Duplicate local variable name.
        System.out.println("name = " + name);
        System.out.println("this name = " + this.name);
    }

    public void outFavorite(){
```

```
        String favorite = "Playing football";

        System.out.println("favorite = " + favorite);
        System.out.println("this favorite = " + this.favorite);
    }
    public static void main(String[] args) {
        Person tom = new Person("Tom", 12, 1, "Playing basketball");

        tom.outName("Jackson");
        tom.outFavorite();
    }
}
```

以上代码的输出如下：

```
name = Jackson
this name = Tom
favorite = Playing football
this favorite = Playing basketball
```

this 可以用来引用自己。当某个类具有多个构造器，而某个构造器又可以共用时，就可以直接使用 this 来调用。

下面再改写一下 Person，在构造 Person 对象时，每个对象都要说一句话，于是提炼出一个公共的构造器。

```
public class Person {
    private String name;
    private Integer age;
    private Integer sex; //1 为 male, 2 为 female
    private String favorite;

    public Person(String name, Integer age, Integer sex){
        this(name);
        this.name = name;
        this.age = age;
        this.sex = sex;
        this.favorite = "Nothing";
    }
    public Person(String name){
        System.out.println("Hello, I am " + name + ".");
    }
    public static void main(String[] args) {
        Person tom = new Person("Tom", 12, 1);
    }
}
```

上述代码会输出：

```
Hello, I am Tom.
```

需要注意的是，在一个构造器中调用另一个构造器时，需要将调用语句放在最前边。另外，无论调用的构造器是否相同，一个构造器中只能调用一次其他构造器。假设有 A、B、C 三个构造器，A 构造器不可以同时调用 B 和 C 构造器，但是可以嵌套调用，比如 A 构造器调用 B 构造器，B 构造器调用 C 构造器。在实际的开发中，我们应该避免使用嵌套调用构造器。

3.5　final

final 的字面意思是最终的，因此使用 final 修饰后，就意味着是最终形式，不可被改变。

使用 final 修饰类中的域变量，表示该域变量初始化后将不会被再改变。当一个域变量被声明为 final 类型时，必须在初始化的时候进行赋值。最常用的赋值方法就是在声明的同时进行赋值。如果在构造器中赋值，则需要注意一个问题：当存在多个构造器且构造器有相互调用时，必须保证 final 域只被赋值一次，否则会出现错误。

通常情况下，final 仅用来修饰基本类型(包括封装类型和 String 类型)，用 final 修饰对象类型通常是没有意义的。对于 final 类型的对象来说，仅仅是该对象的引用不可改变，但对象中包含的值是可以改变的。

```
public class Tiger {
    private final Person    John = new Person("John", 12, 1);
    void demo(){
        Person tom = new Person("Tom", 12, 1);
        //John = tom; error, the final field cannot be assigned
        John.setFavorite("Swimming");
    }
}
```

上面的程序中声明了 final 域变量 John，如果改变 John 的引用，则编译器会报错，但完全可以通过 John 的方法来改变 John 中属性的值。

final 还可以用于修饰类和方法，后面具体讲述。当修饰一个类时，表示这个类禁止被继承，并且该类的所有方法也将自动成为 final 类型。当 final 用于修饰方法时，表示该方法禁止被重写。也就是说，继承该类的子类不能重写这个方法。

3.6　static

static 的字面意思是静态的，但是在 Java 应用中，static 关键字已经远不止静态那么简单了。static 关键字是比较常用也比较重要的关键字。它不但可以用于修饰域变量，也可以用于修饰方法，还可以修饰一段独立代码块。另外，static 还能修饰类，但仅限于内部类。

static 不能用于定义某个方法内的变量。

当使用 static 修饰域时，表示对于该类的所有实例都共享这一个域。例如，声明一个 static 计数器域变量，就可以统计出产生了多少实例。

```
public class Rabbit {
    private static Integer count = 0;
    public Rabbit(){
        count++;
    }

    public static Integer getCount() {
        return count;
    }

    public static void main(String[] args) {
        Rabbit white = new Rabbit();
        System.out.println("Rabbit instance = " + white.getCount());

        Rabbit grey = new Rabbit();
        System.out.println("Rabbit instance = " + grey.getCount());

        System.out.println("Rabbit instance = " + white.getCount());
    }
}
```

以上程序的输出为

```
Rabbit instance = 1
Rabbit instance = 2
Rabbit instance = 2
```

注意最后一个打印输出，我们调用了 white 实例中的 count，很显然 count 被 white 和 grey 两个实例共享。如果将 static 关键字去掉，那么最后一个打印的输出仍然是 1。

前面提到，常量一般使用 final 来修饰，通常定义常量时，程序员还喜欢加上 static 修饰符。如果不加 static 的话，每个实例都会有一个常量域，而常量又是不可改变的，这些常量域就太多余了；如果用 static 修饰，则所有实例都共享一个常量实例域，更加合理。

static 还可以用来修饰一段代码块，这种功能通常用于类的初始化。下面在 Rabbit 类中增加如下一段代码(将这段代码放在构造器前边)：

```
static {
    System.out.println("I am a rabbit.");
}
```

运行这段程序，输出如下：

```
I am a rabbit.
Rabbit instance = 1
```

```
Rabbit instance = 2
Rabbit instance = 2
```

可以看到，尽管实例化了两个Rabbit，但是“I am a rabbit.”只输出了一次。也就是说，static代码块只会在第一次实例化或者第一次加载时执行，以后再进行实例化时，static代码块将不再被执行。

static还可以用于修饰方法，静态方法是一种不能向对象实施操作的方法。可以认为，静态方法是没有this参数的方法(在一个非静态方法中，this参数表示这个方法的隐式参数)。因为静态方法不能操作对象，所以不能在静态方法中访问实例域。但是，静态方法可以访问自身类中的静态域。静态方法可以直接使用类名来引用，而不需要使用类的实例变量来引用。也就是说，如果只引用某个类的静态方法，那么可以不用new去创建类的实例，直接使用类名引用就可以了。

static还可以修饰类，当然仅限于内部类。如果一个外部类加上static的话，编译器会直接报错。static内部类将在后续章节讲述。

3.7　参数传递

需要明确的是，Java方法参数传递采用的是值传递，因此，在方法内是没有办法改变参数本身的。如果参数传递的是一个对象，那么方法内也没有办法改变对象本身，但可以改变对象所包含的域。熟悉C语言的话，就知道C语言函数的参数也是值传递，当传递的参数是指针时，函数可以改变指针所指向的内容，但没有办法改变指针本身(除非继续传递指向指针的指针)。

```
public class Parameter {
    private static void basePara(Integer para) {
        para += 10;
        System.out.println("[basePara::]para = " + para);
    }
    public static void main(String[] args) {
        Integer para = 1;
        basePara(para);
        System.out.println("[main::]para = " + para);
    }
}
```

以上程序的输出为

```
[basePara::]para = 11
[main::]para = 1
```

可以清楚地看到，尽管main方法中调用了basePara方法，传递了一个Integer参数para，basePara方法中也改变了参数的值，但在返回main方法后，main方法的para的值依然保持不变。

下面再看一个稍微复杂的传递对象的例子。

```
public class Parameter {
    private static void objPara(Person person){
        Person tom = new Person("Tom", 12, 1, "Playing football");
        System.out.println("[objPara::]person = " + person + " before ");
        person.setFavorite("Swimming");
        person = tom;
        System.out.println("[objPara::]person = " + person + " after ");
    }

    public static void main(String[] args) {
        Person john = new Person("Jhon", 12, 1, " Playing basketball");
        System.out.println("[main::]john = " + john + " before called");
        System.out.println("[main::]john.favorite = " + john.getFavorite() + " before called");
        objPara(john);
        System.out.println("[main::]john = " + john + " after called");
        System.out.println("[main::]john.favorite = " + john.getFavorite() + " after called");
    }
}
```

上边这段程序的输出为

```
[main::]john = com.hayee.Person@1db9742 before called
[main::]john.favorite =  Playing basketball before called
[objPara::]person = com.hayee.Person@1db9742 before
[objPara::]person = com.hayee.Person@106d69c after
[main::]john = com.hayee.Person@1db9742 after called
[main::]john.favorite = Swimming after called
```

我们在 main 方法中创建了一个 Person 对象 john。注意，在调用 objPara 方法前后，john 对象本身是没有改变的，都是 1db9742(后续章节会讲述 toString 方法，当一个类没有实现 toString 方法，将对象名作为打印输出时，会输出其类名及对象所处的地址)。但是 john 的域 favorite 发生了变化，从 Playing basketball 变为 Swimming。在 objPara 中，我们还改变了参数，这个从打印中也能看出。通过这个例子可以清楚地看到，作为参数时对象本身是不可以被改变的，因为是传值的，所以对象中的域是可以改变的。

在上述两个例子中，我们都在方法中改变了参数本身，但这并不是一个良好的编程习惯，在实际开发中，我们应该避免这样的操作。

3.8　参数数量可变的参数传递

Java 也支持参数个数不定的形式，只需要使用“...”符号来表示就可以。调用方法时通过遍历参数数组就可以获取所传递的所有参数。

```
public void listNames(String ... names){
    for (String name: names){
        System.out.println("name = " + name);
    }
}
```

这样我们在调用 listNames 方法时就可以传递任意多个 String 类型的参数。

第4章　继承与接口

4.1　继　　承

Java 中使用 extends 关键字来继承某个类，被继承的类称为超类或者父类，继承者称为子类。Java 不支持多重继承。也就是说，某个类只有一个直接超类。C++支持多重继承，尽管多重继承有一定的优点，但其弊端也很多。

Java 提供的 super 关键字用来显式访问超类的方法(前文讲述了可见范围的控制，对于 private 属性的方法，子类也是不可以访问的)。采用 super()方式可以访问超类的构造器，采用 super.method()方式可以显式访问超类的方法。需要注意的是，因为 super 仅仅指明需要访问超类，其本身不是对象，所以不可以将 super 作为一个右值赋予某个变量。而 this 本身就是一个对象，可以作为右值赋予变量。

对于子类来说，除了自己的域和方法是自己的之外，超类的域和方法也是自己的(尽管超类的域是 private 属性，但实例化子类时，超类域成员也一定会被创建)。在创建子类时需要调用超类的构造器来构造超类。如果没有调用的话，则系统会自动调用超类的默认构造器进行构造，此时如果超类没有提供默认构造器，则会报错。

一个类在调用超类的方法时，super 关键字不是必需的。通常，除显式调用超类构造器、equals 方法等外，并不建议使用 super 来显式调用超类的方法，除非子类重写了超类的方法，而且在子类中必须调用超类的同名方法。这种情况下，应该检查程序的结构和逻辑，而不是显式使用 super。

4.1.1　多态

多态是继承中最为重要的特性。一个对象变量(如变量 e)可以引用多种实际类型的现象被称为多态(polymorphism)。在运行时能够自动选择调用哪个方法的现象称为动态绑定(dynamic binding)。Java 中的继承默认采用了动态绑定，而 C++中则需要显式指定“虚函数”。也就是说，类调用某个方法时，系统总会找到最适合的方法，得到的也总是程序编写者所预想的结果。虚拟机为了做到这一点，为每个类都创建和维护了一张方法表，这样在调用方法时，就可以找到调用真正需要的方法。换言之，一个类调用某个方法时，虚拟机总会找到一个距离该类血缘关系最近的方法，并且不以该类的类型强制转化而改变。这句话的前半句容易理解，如果自己有这个方法，则调用自己的方法，如果自己没有就去超类中找，找到就调用，找不到再去超类的超类中去找，以此类推；后半句不易理解，因为一个类有超类的所有属性，所以可以通过类型转换将子类型转为超类型，类型转换后的方法调用并不是直接去调用超类的方法，而是依旧先找自己的方法，只有找不到了才找超类。

下边通过几个例子来说明这几种情况。

首先，我们在 Person 类中增加一个 sayHello 方法，简单打印输出一句话。下面的程序中省去了访问器、更改器。

```
public class Person {
    final private String name;
    private Integer age;
    private Integer sex; //1: male, 2: female
    private String favorite;

    public Person(String name, Integer age, Integer sex, String favorite){
        this.name = name;
        this.age = age;
        this.sex = sex;
        this.favorite = favorite;
    }
    public Person(String name, Integer age, Integer sex){
        this.name = name;
        this.age = age;
        this.sex = sex;
        this.favorite = "Nothing";
    }
    public void sayHello(){
        System.out.println("Hello, I am a person. My name is " + name);
    }
}
```

接下来定义一个 Student 类来继承 Person 类。

```
public class Student extends Person {
    private String school;

    public Student(String name, Integer age, Integer sex, String school) {
        super(name, age, sex, "Playing football");
        this.school = school;
    }
    public static void main(String[] args) {
        Student mary = new Student("Mary", 12, 2, "gaoxin");
        mary.sayHello();
    }
}
```

在 Student 中使用 super 构造了超类，Student 中没有 sayHello 方法，需要调用 sayHello 方法，然后找到 Person 中的 sayHello 方法，所以上面的程序会输出：

```
"Hello, I am a person. My name is Mary"
```

接下来在 Student 中重写 sayHello 方法，在这个方法中还是用 super 调用超类的 sayHello。

在 Student 中增加如下代码：

```
@Override
public void sayHello() {
    System.out.println("I am a student. My name is " + getName());
    System.out.println("Call super sayHello");
    super.sayHello();
}
```

代码中的@Override 是一个注解，表示下面的方法是重写了超类或者所实现接口的方法，这个注解不是必需的。在 IDE 辅助代码生成时，勾选重写方法后，会自动增加该注解，增加这个注解后有助于编译器帮助我们排错。

重新运行上面的程序后，输出如下：

```
I am a student. My name is Mary
Call super sayHello
Hello, I am a person. My name is Mary
```

可以很清楚地看到，Student 实例 Mary 调用的是自己的 sayHello 方法。

最后还可以通过强制类型转换来验证这种调用关系，将 Student 的 main 方法中的调用修改为

```
Person mary = (Person)new Student("Mary");
mary.sayHello();
```

输出还和上述输出相同。

4.1.2　抽象类

抽象类用 abstract 来修饰，通常作为类的顶层，不能实例化，可以有抽象方法，也可以有实际方法。抽象方法指的是只有方法名，没有实现。下面定义了一个抽象类 Animal，类中有一个域变量，并且有该域变量的访问器和更改器，还有一个抽象方法 getDescription。

```
public abstract class Animal {
    private String classfier;
    public abstract String getDescription();
    public String getClassfier() {
        return classfier;
    }
    public void setClassfier(String classfier) {
    this.classfier = classfier;
    }
}
```

假设定义一个 Cat 类继承 Animal。如果在 Cat 中不重写抽象方法 getDescription，那么 Cat 也必须是 abstract 类。抽象方法必须存在于抽象类中，非抽象类是不能定义抽象方法的。

通常情况下，抽象类作为一个基类存在，存放类的公共属性和方法。至于是否放置诸多抽象方法，则是仁者见仁，智者见智。因为 Java 还可以用接口来满足这种应用场景。

4.1.3 Object

Object 类是 Java 中所有类的祖先，在 Java 中每个类都是由它扩展而来的。如果没有明确地指出超类，Object 就被认为是这个类的超类。因此也可以使用 Object 类型的变量引用任何类型的对象，就像 C 中使用 void*类型引用任何类型一样。Object 中有三个比较重要且常用的方法，分别是 equals、toString 和 hashCode。在很多情况下，用户自己的对象都需要重写这三个方法，尤其是 toString。

1. equals 方法

Object 类中的 equals 方法用于检测一个对象是否等于另外一个对象。在 Object 类中，这个方法将判断两个对象是否具有相同的引用。如果两个对象具有相同的引用，则它们一定是相等的。从这点上看，将其作为默认操作也是合乎情理的。然而，对于多数类来说，这种判断并没有什么意义。前面，也提到过这个说法，通常意义上的相等可能是类的一些属性值相等，而不去判断这两个对象是不是同一个给定的对象，即相同的引用。

Java 语言规范要求 equals 方法符合下面的规则：

(1) 自反性：对于任何非空引用 x，x.equals(x)应该返回 true。

(2) 对称性：对于任何引用 x 和 y，当且仅当 y.equals(x)返回 true，x.equals(y)也应该返回 true。

(3) 传递性：对于任何引用 x、y 和 z，如果 x.equals(y)返回 true，则 y.equals(z)返回 true，x.equals(z)也应该返回 true。

(4) 一致性：如果 x 和 y 引用的对象没有发生变化，则反复调用 x.equals(y)应返回同样的结果。

(5) 对于任意非空引用 x，x.equals(null)应该返回 false。

这些规则看起来很平常，符合常规逻辑，但是要设计出一个符合如上规则的 equals 方法并不是件很容易的事情，尤其是在有继承关系的类中，如果 equals 方法设计得不合理，就会违反第一条自反性规则。

举例来说，在 equals 方法中经常会用 instanceof 运算符，子类的实例一定是超类的实例，但超类的实例一定不是子类的实例。

```
public static void main(String[] args) {
    Student mary = new Student("Mary", 12, 2, "gaoxin");
    Person tom = new Person("Tom", 10, 1, "Playing football");
    if (mary instanceof Person ){
        System.out.println("mary is an instance of Person.");
    }
    if (!(tom instanceof Student)){
```

```
            System.out.println("tom is not an instance of Student.");
        }
    }
```

以上程序的输出如下：

```
mary is an instance of Person.
tom is not an instance of Student.
```

也就是说，在 equals 方法中使用 instanceof 运算符判断，如果处理不当，则很容易违反自反性原则。

判断两个类是否相等，很重要的事情就是要确定判断相等的决定权属于超类还是子类。举例来说，假设 Person 类有两个子类，一个类是 Student，另一个类是 Player。在 Person 类中，我们有一个属性是 ID，假设用来表示身份证号，那么完全可以在超类 Person 中确定两个子类对象是否相等，因为只要身份证号相同，就是同一个人。当然，这个结论成立的前提是所有人都是中国人。如果这些人里有外国人，则由于没有他们的身份证号，(他们的身份证号全部用 0 来表示)，因此不能用 ID 来判断两个对象是否相等。也就是说，超类并不能决定两个子类是否相等。此时就需要比较子类的属性，如果在子类的属性中设置了护照编号这个属性，那么就需要在子类中继续比较。

如果超类具有相等判断的决定权，那么只要两个对象的超类类型相同，再继续判断其他属性即可；如果超类不具备判断相等的决定权，那么就需要获取对象的 Class 类型来判断，也就是两个对象的 Class 要相等。另外，如果超类具有判断相等的决定权，那么超类中的 equals 方法应该声明为 final 类型。

因此，通常的 equals 方法应该如下设计：

(1) equals 方法要重写 Object 中的方法，因此需要用@Override 注解标记，并且参数应该是 Object 类型。

```
public boolean equals(Object other){
    …
}
```

(2) 检测 otherObject 是否为 null，如果为 null，则返回 false。

```
if (other == null){
    return false;
}
```

(3) 检测 this 与 other 是否引用同一个对象。

```
if (this==other){
    return false;
}
```

(4) 如果类的相等决定权在子类，就必须使用 getClass 检测 this 和 other 是否为同一个类型。

```
if (getClass() != other.getClass()){
    return false;
}
```

getClass 将在后续章节详细讲述，在这里只需要知道 getClass 返回一个 Class 类型。

(5) 如果类的相等决定权在超类，则使用 instanceof 来判断。

```
if (!(other instanceof ClassName)){
    return false;
}
```

(6) 将 other 转为本类，判断类实例域。

(7) 如果类的相等决定权在子类，则子类需要继续重写 equals 方法，并且在重写 equals 方法前需先行调用超类的 equals 方法进行判断。

2. toString 方法

toString 方法主要用来进行问题分析。当一个对象实现了 toString 方法后，使用“+”符号将其和字符串进行拼接操作，系统就会自动调用 toString 方法，同样在打印输出时也是一样。如果不实现 toString 的话，将会以“类名@数字”的形式输出。toString 方法中，通常会设计一定的格式来输出对象的域变量，当然也可以输出任何你想输出的。在 Eclipse 中可以很方便地自动生成 toString 方法。在需要生成 toString 方法的空白处，单击鼠标右键，在弹出的菜单中选择 Source→Generate toString，在弹出的窗口中勾选需要输出的域，点击“OK”按钮就可以生成。

3. hashCode 方法

hashCode 方法在自己的代码中基本不会调用，但不代表 hashCode 方法不重要或者不需要重写。散列码(hash code)是由对象导出的一个整型值，散列码是没有规律的。在查找对象或者将对象插入 Map 等情况下，hashCode 方法通常会被系统调用，这样会大幅提高查找的效率。原则上，hashCode 不同的对象一定不会相等，hashCode 相同的对象也不一定会相等。但是有了 hashCode 后，在查找时就可以很快地先排除掉 hashCode 不相等的对象，只在 hashCode 相等的对象中进行查找。

如果一个类重写了 equals 方法，则必须重写 hashCode 方法。在重写 hashCode 时，如果 x.equals(y)=true，则 x.hashCode()一定和 y.hashCode()相等。因此 hashCode 方法应该取对象中需要比较的域作为 hashCode 产生的字段。比如说，在 Person 类中，如果认为 name、age 和 sex 相等的两个 Person 对象相等，那么就可以这样写 Person 的 hashCode：

```
public int hashCode(){
    return 7 * name.hashCode() + 17 * age + 37 * sex;
}
```

name 属于 String 类型，对于 String 类型，Java 有计算其 hashCode 的算法，所以直接使用即可。

4.2 接　　口

面向接口的编程是 Java 编程中常用并且非常重要的一种技术。接口不是类，可以看成对类的一组需求的描述。接口不能实例化，需要类来实现。从某种意义上来讲，接口的功能更接近于 C 中的函数指针。

4.2.1 定义

Java 中使用 interface 关键字来定义一个接口。在 Java 8 之前，接口中只定义方法名，而没有实现，其具体的实现需要在实现该接口的类中完成。Java 8 对接口进行了增强，接口中可以实现一些特定的方法。接口中的方法默认为 public 属性，方法不能定义为 static 类型(Java 8 可以定义静态方法，但必须在接口中实现)。接口也可以定义域成员，通常情况下，域成员作为常量被使用。接口的域成员默认为 public static final 形式。

接口不能使用 new 进行实例化，但可以声明接口变量，并将该接口的类赋值于该变量。一个类要实现某个接口，需要使用 implements 关键字，需要实现多个接口时，接口名字之间使用“,”隔开即可。

```
public interface Song {
    public String sound();
}
public class Cat implements Song {
    @Override
    public String sound() {
        // TODO Auto-generated method stub
        return "miao miao miao...";
    }
}
public class Dog implements Song {
    @Override
    public String sound() {
        // TODO Auto-generated method stub
        return "wang wang wang";
    }
}
```

上边我们定义了一个接口 Song，该接口中只有一个方法 sound，返回动物的叫声。接下来又定义了两个类 Cat 和 Dog，这两个类都实现 Song 接口，返回了各自的叫声。下面的程序演示如何使用接口分别调用 Cat 和 Dog 的叫声。

```
import java.util.ArrayList;
import java.util.List;


public class AnimalSong {
    public static void main(String[] args) {
        List<Song> animalList = new ArrayList<Song>();
        animalList.add(new Cat());
        animalList.add(new Dog());
        for (Song animal : animalList)
```

```
            System.out.println(animal.sound());
        }
    }
```

上面的程序将输出：

```
    miao miao miao...
    wang wang wang...
```

上述程序中我们使用 List(在这里只需要知道这相当于一个数组，这个数组的类型是 Song 类型)分别创建了两个对象 Cat 和 Dog，将这两个对象加入数组中，之后遍历数组，通过接口 Song 调用分别调用 Cat 和 Dog 的 sound 方法。

尽管上述示例比较简单，但通过这个示例可以很清楚地看到接口的用法及使用场景，这也说明了为什么接口的作用接近函数指针。任何类只要实现了同一个接口，就可以通过该接口类型的变量来容纳这个类，并调用该类实现的接口中的方法。

4.2.2 接口增强

在 Java 8 之前，接口中只有方法的声明，具体的实现由实现该接口的类来完成。Java 8 对接口的功能进行了增强，接口中可以有静态方法和缺省方法，缺省方法为在方法名前加上 default 关键字，再对其进行实现。所有的静态方法和缺省方法在实现类中不需要重写。静态方法调用使用接口名就可以，缺省方法则在实现类中直接调用。缺省方法的主要优点有两个：第一个是可以将公共的方法放在一起；第二个是实现类只对部分接口的方法感兴趣，这样加上缺省后，就不必再实现这些和自己关系不大的方法。当然，如果其他的实现类对缺省方法感兴趣，也可以重写覆盖缺省方法。

```
public interface ITestInterface {
    public static void hello(){
        System.out.println("hello world!");
    }

    default public void sayHello(String name){
        System.out.println("hello " + name);
    }
    public void    hi(String name);
}

public class TestInterfaceImpl implements ITestInterface {
    @Override
    public void hi(String name) {
        // TODO Auto-generated method stub
        ITestInterface.hello();
        this.sayHello("tom");
```

```
    }

    @Override
    public void sayHello(String name){
        System.out.println("hi " + name);
    }
}
```

ITestInterface 接口中定义了一个静态方法 hello、一个缺省方法 sayHello 和一个普通方法 hi。TestInterfaceImpl 类实现了 ITestInterface 接口，重写了普通方法 hi，在 hi 中调用接口的静态方法 hello。最后又重写了缺省方法 sayHello。当然，重写缺省方法 sayHello 不是必需的。在 Java 8 之前，由于没有缺省方法，所以接口中的方法都需要实现，否则会编译错误。

4.2.3　clone

我们知道，对象之间的赋值只是引用的赋值，而引用指向的地址都是同一地址。如果想要真正得到一个对象的复制品，就需要使用 clone 方法。如果一个类想要它的实例对象使用 clone 方法，则必须实现 Cloneable 接口。在使用 clone 方法的时候，可以调用 Object 的 clone 方法，但这个方法只是实现了一种“浅拷贝”。浅拷贝的意思是：如果对象只包含基本数据类型或者实现了 Cloneable 接口的对象类型，那么就可以完全得到一份对象复制品。但是，如果对象的域不仅包含了对象，而且所包含的对象并没有实现 Cloneable 接口，那么简单调用超类的 clone 方法将只会得到一个半复制品。所谓半复制品，指的是克隆出的复制品中没有实现 Cloneable 的域对象，仍然只是原对象的一个引用。

下面的程序中我们定义了一个 FootballClub 类，它有两个域：俱乐部名称是基本类型，队员清单是对象类型。我们实现了 clone 方法，但只是简单调用了超类的 clone 方法，结果 clone 出来的对象和原对象拥有不同的实例域 clubName，但和原来的对象共享实例域 players。

```
import java.util.ArrayList;
import java.util.Arrays;
import java.util.List;

public class FootballClub implements Cloneable {
    private String clubName;
    private List<String> players;

    public FootballClub(String clubName) {
        this.clubName = clubName;
        players = new ArrayList<String>();
    }
    public void addPlayer(String name) {
```

```
        players.add(name);
    }
    public void outPlayers() {
        for (String player : players) {
            System.out.println("playerName is " + player);
        }
    }
    public FootballClub clone() throws CloneNotSupportedException {
        return (FootballClub) super.clone();
    }
    public String getClubName() {
        return clubName;
    }
    public void setClubName(String clubName) {
        this.clubName = clubName;
    }
    public static void main(String[] args) {
        FootballClub acMilan = new FootballClub("AC Milan");
        acMilan.addPlayer("Van Basten");
        try {
            FootballClub cloneAcMilan = acMilan.clone();
            cloneAcMilan.setClubName("fake Ac Milan");
            cloneAcMilan.addPlayer("shiminhua");

            System.out.println("Club name is " + acMilan.getClubName());
            acMilan.outPlayers();
            System.out.println("clone players list");
            System.out.println("Club name is " + cloneAcMilan.getClubName());
            cloneAcMilan.outPlayers();

        } catch (CloneNotSupportedException e) {
            // TODO Auto-generated catch block
            e.printStackTrace();
        }
    }
}
```

上述程序的输出如下：

```
Club name is AC Milan
playerName is Van Basten
```

```
playerName is shiminhua
clone players list
Club name is fake Ac Milan
playerName is Van Basten
playerName is shiminhua
```

接下来改写 clone 方法，然后重新运行，结果复制后的对象和原来的对象都拥有独立的域。

```
public FootballClub clone() throws CloneNotSupportedException {
    FootballClub cloned = new FootballClub(getClubName());
    for(String player:players){
        cloned.addPlayer(player);
    }
    return cloned;
}
```

程序输出如下：

```
Club name is AC Milan
playerName is Van Basten
clone players list
Club name is fake Ac Milan
playerName is Van Basten
playerName is shiminhua
```

从输出可以清楚地看到，shiminhua 已经加入克隆后的假 AC 米兰俱乐部了，而原来的 AC 米兰俱乐部里还是只有一名队员。

以上使用较大篇幅讨论了对象的克隆，但在实际应用中，对象的克隆应用得并不太多。从另一方面讲，开发中应尽量避免使用 clone，实际中经常会出现由于使用了浅拷贝而导致的难以排查的错误。

第 5 章　内部类与枚举

5.1 内　部　类

内部类的语法和用法相对有一些复杂，但其用途比较广泛，尤其是使用匿名内部类在实际开发中会带来极大的方便。

5.1.1 普通内部类

一个普通的内部类就是在类的定义中再定义一个类，如果内部定义的类是 public 属性，则在外部可以通过“outClassName.innerClassName”的形式引用，也可以通过导入外部类的包名后，直接使用内部类的类名。

内部类可以直接引用外部类的私有域。需要注意的是，定义了一个内部类并不代表外部类会有该内部类的实例。如果在外部类内部引用或者创建内部类的话，直接使用内部类的类名即可；如果在外部类的外部要创建内部类的话，语法有些特别，首先要确保内部类的属性为 public，并且不为 static。如果是 private 属性，则在外部是不能创建的，如果使用 static 修饰，则不需要使用这种语法创建。普通内部类创建的语法形式为

```
outClassName.innerClassName var = outClassVar.new innerClassName()
```

也就是说，普通内部类不可以独立创建，需要创建外部类以后，使用外部类的实例来创建内部类。实际上应该也是这样的，假设内部类可以直接引用外部类的成员，如果不创建外部类而直接创建内部类，那么外部类的成员引用就没有来源了。

```
import java.util.List;

public class Msg {
    private Integer fileId;
    private String fileName;
    private List<Body> bodys;
    private int len;

    publicclass Body{
        private Integer msgLen;
        private String name;
        private String favorite;
```

```
            public void outFileLen(){
                System.out.println("len = "+ len);
            }
        }
    }
    public class TestInner {
        Msg msg = new Msg();
        Body body = msg.new Body();
    }
```

上述程序中定义了一个 Msg 类，在 Msg 内部又定义了一个 Body 类。然后在 TestInner 类中创建了一个 Body 类的实例 body。在 TestInner 类中，直接使用 Body 类名，这是因为在 import 时候已经导入了 Body 的包如果只导入 Msg 的包，则引用 Body 类型时需要使用 Msg.Body 来引用。

5.1.2 静态内部类

在定义内部类时将其声明为 static，则该内部类就是一个静态内部类。静态内部类不能引用外部类的非静态成员，包括域和方法。定义为内部静态类大多情况下只是为了将该类隐藏在内部。如果该静态类声明为 public，则在外部类中可以创建该内部类，和普通的类并没有什么差别。

假设我们将 5.1.1 节示例中的内部类 Body 修饰为 static，并且 Msg 中的 len 也修饰为 static，那么就可以在外部类之外独立创建 Body，而不需要先创建 Msg。例如：

```
Body body = new Body();
```

或者

```
Msg.Body body = new Msg.Body();
```

5.1.3 局部内部类

局部内部类通常是在一个方法中定义一个类。局部内部类不能使用 public 或者 private 等来限定，因为局部内部类的作用范围仅限于其作用域内。局部内部类对外部类不可见，但局部类可以访问外部类，甚至可以访问局部变量(局部变量通常应该为 final 类型，否则会出现副作用)。

5.1.4 匿名内部类

匿名内部类是局部内部类的一种扩展，由于只创建一个类对象，所以可以不命名，这种类被称为匿名内部类(anonymous inner class)。

匿名内部类通常有两种用法：一种是创建一个实现了某个接口的类对象；另一种是创建一个需要继承所创建类的类对象。由于匿名内部类没有名字，所以没有构造器。匿名内部类的创建语法如下：

```
new SuperType(Parametes){
```

```
    需要实现的方法或者需要重写的方法
};
```

SuperType 可以是接口，也可以是类(所创建匿名类的超类)。如果是接口，则构造器参数为空(接口没有构造器)；如果是类，则参数是该类构造器所需参数。如果是接口，则花括号中为实现接口的方法；如果是类，则花括号中是需要重写的类的方法实现(也可以新添加方法，除非这个新方法可以用于要重写的方法，否则无法调用)。

下面是一个定时器的例子。要使用这个定时器很简单，只要先创建一个实现了 ActionListener 接口的对象，然后创建一个 Timer 对象，并调用 Timer 对象的 start 方法就可以了。

```
import java.awt.event.ActionEvent;
import java.awt.event.ActionListener;
import java.util.Date;
import javax.swing.Timer;

public class TestTimer {
    public static void main(String[] args) {
        ActionListener listener = new ActionListener(){
            @Override
            public void actionPerformed(ActionEvent e) {
                // TODO Auto-generated method stub
                System.out.println("Timer come on " + new Date());
            }
        };

        Timer timer = new Timer(3000, listener);
        timer.start();
        while(true){
            try {
                Thread.sleep(1000 * 60 * 60);
            } catch (InterruptedException e1) {
                // TODO Auto-generated catch block
                e1.printStackTrace();
            }
        }
    }
}
```

在 TestTimer 的 main 方法中创建了一个实现了 ActionListener 接口的匿名内部类的对象实例 listener，将这个对象传递给 Timer 的 start 方法。最后，为了演示定时器的持续性，增加了无限循环。这样上述程序将每隔 3000 毫秒输出如下的“Timer come on…”字样和当前时间：

```
Timer come on Thu Nov 29 14:25:02 CST 2018
```

```
Timer come on Thu Nov 29 14:25:05 CST 2018
Timer come on Thu Nov 29 14:25:08 CST 2018
Timer come on Thu Nov 29 14:25:11 CST 2018
Timer come on Thu Nov 29 14:25:14 CST 2018
```

接下来演示创建一个匿名内部类来继承一个类。

```
import java.util.ArrayList;
import java.util.Arrays;
import java.util.List;

public class FootballClub {
    private String clubName;
    private List<String> players;
    public FootballClub(String clubName) {
        this.clubName = clubName;
        players = new ArrayList<String>();
    }
    public void addPlayer(String name) {
        players.add(name);
    }
    public void outPlayers() {
        for (String player : players) {
            System.out.println("playerName is " + player);
        }
    }
    public String getClubName() {
        return clubName;
    }
    public void setClubName(String clubName) {
        this.clubName = clubName;
    }
}
public class TestInner2 {
    public static void main(String[] args) {
        FootballClub chelsea = new FootballClub("Chelsea"){
            public void addPlayer(String name){
                System.out.println("new method, para name = " + name);
            }
        };
        chelsea.addPlayer("shiminhua");
```

```
        chelsea.outPlayers();
    }
}
```

在 TestInner2 的 main 方法中创建了一个继承了 FootballClub 内部类的对象实例 chelsea，然后调用 addPlayer 方法，结果发现只是输出了一句话，队员并没有真正加入队员列表中，也就是调用 addPlayer 方法是匿名子类中的 addPlayer 方法。上述程序的输出如下：

```
new method, para name = shiminhua
```

5.1.5 内部类的特性

在简单的定时器应用以及多线程应用中，使用匿名内部类可以大幅简化代码，这也是内部类的最大优点。但是简化代码的同时带来了阅读上的一些困难，尤其是对于初学者。因此，在实际开发中，不应刻意追求使用很多内部类来炫耀自己的代码技巧。

5.2 lambda 表达式

熟悉 Python 语言的读者应该对 lambda 表达式有所了解，lambda 表达式是面向回调和在函数编程中应用比较广泛的一种方式。Java 8 中引入了 lambda 表达式，多应用于匿名类及流操作的场景，可以大幅简化代码。

lambda 表达式的基本语法如下：

```
(parameters) -> expression
```

或

```
(parameters) ->{ statements; }
```

上述程序的含义是接受 parameters 参数，执行 expression/statements 并返回，也可以不接受任何参数。

下面使用 lambda 表达式改写使用匿名内部类编写的定时器程序，只需要将

```
ActionListener listener = new ActionListener(){
    @Override
    public void actionPerformed(ActionEvent e) {
        // TODO Auto-generated method stub
        System.out.println("Timer come on " + new Date());
    }
};
```

替换为如下程序即可：

```
ActionListener listener = (ActionEvent e)->{System.out.println("Timer come on " + new Date());};
```

可以看出，语法变得非常简洁。lambda 表达式也就是所谓的函数式接口，其本质上就是将代码块当作参数进行传递。对于每一个函数来讲，该函数在处于任意分支的时候最终都能返回。因此，对于 lambda 表达式来说，如果传递的表达式中只有一部分分支有返回值，而另外一部分没有返回的话，就会出错。比如：

```
(x)->{if (x > 0) return 1}    //error
```

5.2.1　lambda 表达式的作用域

可以将 lambda 表达式看作一个独立的函数，这样就可以理解 lambda 表达式的变量作用域。在一般的函数或者方法中，不能访问调用者的局部变量，但 lambda 表达式是个例外，lambda 表达式可以访问其域外的变量，但是对于这些访问的变量有限制，即不能修改这些变量，不可以访问变化的变量。也就是说，lambda 表达式所捕获的作用域之外的变量应该类似于 final 类型的变量。

5.2.2　函数式接口

函数式接口和 lambda 表达式紧密联系在一起。我们知道，Java 没有函数指针类型，那么如果一个方法的参数需要一个函数指针类型，怎么办呢？这个问题在 Java 8 之前没有很好的办法解决，通常使用匿名类来替代。在 Java 8 引进 lambda 表示式和函数接口后，这个问题就简化为：如果一个方法需要接受一个 lambda 表达式参数，则将参数类型声明为函数式接口即可。

声明一个函数式接口时，需要在接口上增加@FunctionalInterface 注解，但这个注解不是必需的，该注解提醒编译器检查接口是否是函数式接口。函数式接口中必须且只能定义一个抽象方法(如果有多个抽象方法，那么其他抽象方法必须是 Object 的 public 方法)，抽象方法的 abstract 关键字可以省略。函数式接口中可以定义静态方法和默认方法。

下面定义了一个函数式接口。

```
@FunctionalInterface
public interface MyFunctionInerface {
    void sayHello(String name);
}
```

下面介绍如何使用这个函数式接口。

```
public class TestFunctionInterFace {
    private static void show (MyFunctionInerface func){
        func.sayHello("Tom");
    }
    public static void main(String[] args) {
        MyFunctionInerface myFunc = name->System.out.println("Hello, " + name + "!");
        show(myFunc);
    }
}
```

上述程序定义了一个 show 方法。该方法需要一个函数式接口参数，方法体内调用接口的抽象方法，并给该方法传入一个字符串参数。在 main 方法中，我们定义了一个函数接口，并赋值一个 lambda 表达式，然后调用 show 方法。当然，在调用 show 方法时，也可以直接传入需要一个引元的 lambda 表达式(引元表示 lambda 表达式所接受的参数)。比如：

```
show((name)->System.out.println("Hello, " + name + "!"));
```

和前面的效果是一样。

5.2.3　forEach 和方法引用::

Java 8 中引入了集合的 forEach 循环，通常和 lambda 表达式或者“::”结合使用，更加简化了之前增强 for 循环对集合的遍历。

```
List<String> names = new ArrayList<String>();
names.add("shiminhua");
names.add("Basten");
```

使用 for 循环遍历 names：

```
for(String name:names){
    System.out.println("name = " + name);
}
```

使用 forEach 循环遍历 names：

```
names.forEach((name)->{System.out.println("name = " + name);});
```

通过“::”可以访问类的方法，将方法作为参数传递。方法引用都可以转换为 lambda 表达式引用。

::操作符引用主要有以下三种形式：

```
object::instanceMethod
Class::staticMethod
Class::instanceMethod
```

前两种形式相当于将 lambda 表达式的参数作为方法的参数传入。比如，Math::pow 相当于(x,y)->Math.pow(x,y)。最后一种相对复杂一点，使用类名引用类的非静态方法，相当于将 lambda 表达式的第一个参数作为类实例，将第二个参数作为方法参数。比如，String::equalsIgnoreCase 这个引用相当于(x,y)->x.equalsIgnoreCase(y)。

```
import java.util.ArrayList;
import java.util.List;

public class TestEach {
    public static void outName(String name){
        System.out.println("name = " + name);
    }
    public static void main(String[] args) {
        List<String> names = new ArrayList<String>();
        names.add("shiminhua");
        names.add("Basten");
        names.forEach(TestEach::outName);
    }
}
```

上述程序中将 TestEach 的静态方法 outName 传递给 forEach 循环，forEach 将每一个成员传递给 outName 方法执行一次。其中：

```
names.forEach(TestEach::outName);
```

等价于：

```
Consumer<String> methodParam = TestEach::outName;
names.forEach(x -> methodParam.accept(x));
```

需要注意的是，forEach 不能用于数组。例如：

```
Integer[] players = new Integer[10];
for(Integer player: players){ }   //ok
players.forEach();   //Error，Cannot invoke forEach() on the array type Integer[]
```

5.3 枚　　举

枚举在 C 语言中仅仅是一个简单类型，本质上是一个 int 数值，只不过定义为枚举类型后，编译器帮助检查取值范围是否超过枚举范围，仅此而已。在 Java 中枚举不再只承担这么一个简单功能，而更像一个类，有自己的构造器、方法等，只不过这个类不能被实例化。当然，也可以不使用枚举的高级功能，仅仅像 C 语言一样定义使用，也没什么问题。

5.3.1　简单枚举的定义

下面简单定义一个枚举类型：

```
public enum Color {
    RED, GREEN, BLUE, YELLOW, GRAY
}
```

引用时使用“枚举名.成员”即可，比如 Color.Yellow 等。

5.3.2　带有构造器的枚举

枚举可以有自己的构造器，当枚举类被虚拟机加载时，构造器会被调用。下面定义一个带有构造器的枚举。

```
public enum Color {
    RED(1), GREEN(2), BLUE(3), YELLOW(4), GRAY(5);
    private int id;
    private Color(int id){
        this.id = id;
    }
    public int getId() {
        return id;
    }
    public void setId(int id) {
```

```
            this.id = id;
        }
    }
    public class TestEnum1 {
        public static void main(String[] args) {
            System.out.println("Blue id is " + Color.BLUE.getId());
            Color.BLUE.setId(100);
            System.out.println("Blue id is " + Color.BLUE.getId());
            System.out.println("Red id is " + Color.RED.getId());
            Color.RED.setId(200);
            System.out.println("Red id is " + Color.RED.getId());
        }
    }
```

上述程序中为每种颜色增加了一个 id 的参数，构造器中将 id 赋值给域，并且添加了域访问器和更改器。上述程序的输出如下：

```
Blue id is 3
Blue id is 100
Red id is 1
Red id is 200
```

5.3.3　绑定方法的枚举

除了构造器以及方法这些特性外，每一个枚举成员还可以绑定实现自己的方法。也就是说，在枚举类中的方法，对于每一个枚举成员来说，其实现都是相同的。如果每个枚举成员需要有不同的实现，就需要使用绑定方法，即首先在枚举类中定义抽象方法，然后在每一个枚举成员中实现这些抽象方法。

```
public enum LogLevel {
    Critical(901){
        public   int getVal(){return 1;};
        public   String getStr(){return "Critical Level";}
    },
    Error(902){
        public   int getVal(){return 2;}
        public   String getStr(){return "Error Level";}
    },
    Warn(903){
        public   int getVal(){return 2;};
        public   String getStr(){return "Warn Level";}
    };
    private int errCode;
    LogLevel(int errCode){
```

```
        this.errCode = errCode;
    }
    public int getErrCode() {
        return 6000000 + errCode ;
    }
    public abstract int getVal();
    public abstract String getStr();
}
```

上述程序定义了一个日志级别的枚举，构造器中的参数被定义为需要给前端返回的错误码，然后每一个枚举成员都实现了两个抽象方法 getVal 和 getStr，分别给后台使用，表示日志的级别和对应的文字描述。这样每个枚举成员不但可以调用共用的 getErrCode 方法，还可以调用自己的 getVal 和 getStr 方法。

需要注意的是，除了简单枚举外，在定义其他枚举时，最后一个枚举成员后需要使用“;”来表示结束。

5.3.4　枚举的 values 和 toString

values 是枚举类的一个静态方法，返回了所有枚举成员列表，通过这个方法可以遍历整个枚举。toString 的默认行为是输出枚举声明的名称，通过重写 toString 方法可以输出自定义的内容。例如：

```
public class TestEnum2 {
    public static void main(String[] args) {
        for (Color color: Color.values()){
            System.out.println("name = " + color + " id = " + color.getId());
        }
    }
}
```

上述程序遍历了 Color 枚举，并且打印出了每个枚举成员的名称和 id，输出如下：

```
name = RED id = 1
name = GREEN id = 2
name = BLUE id = 3
name = YELLOW id = 4
name = GRAY id = 5
```

第6章 泛　型

泛型(Generic)字面的意思就是更广泛的类型，这也正是泛型应用的目的之一。在C程序设计中，无论什么参数类型、返回类型，都可以使用void*来表示，无非是在函数内将void*再强制转换为所需类型。在Java中同样可以使用Object类型达到这一目的。但是使用Object形式，除了强制转换之外，会存在一些安全隐患。接收Object参数的方法都会假想传递的参数是自己真正需要的类型，但有的时候并不是这样。因此为了正确处理这样的情况，处理方法就必须有代码来判断类型，结果导致代码显得冗余，而且不能在编译阶段就发现错误。如果使用泛型来设计的话，上述的问题就会得到比较好的解决，接收泛型的方法也不必花费很多代码来判断类型，而且在编译阶段就能发现大多参数类型错误的问题。

使用泛型、接口、方法等是比较容易的一件事情，比如在前面的很多示例中都使用了List的泛型，但要设计一个比较好的泛型程序并不容易。

泛型分为固定类型和通配符类型。固定类型的意思是，尽管是泛型，但明确是一种类型，在方法中，可以声明固定类型的变量以及方法的返回值等。而通配符类型则不是一种明确的类型，它更像一个占位符，在方法中不能定义一个通配符类型的变量或者返回通配符的方法。

6.1 固定类型

一个简单的固定类型定义使用一对尖括号< >括起来，里边使用一个大写字母“T”来表示。当然，使用字母“T”只是惯例而已，如果喜欢，可以用任意符合变量定义格式的字符串来表示，但通常意义上，程序员都习惯使用“T”或者“T”周边的某几个大写字母来表示，如“S”“U”等。

下面通过泛型接口来说明固定类型在类中的应用。首先定义Cat和Dog两个类，这两个类提供各自的声音，然后定义一个泛型接口AnimalSong，接口中定义了一个方法，该方法描述动物怎么唱歌，参数是一个泛型。最后分别定义了两个类CatSong和DogSong，实现了AnimalSong接口。

```
public class Cat {
    public String sound() {
        return "miao miao miao...";
    }
}
public class Dog {
    public String sound() {
```

```
            return "wang wang wang...";
        }
    }
    public interface AnimalSong<T> {
        public String song(T animal);
    }
    public class CatSong implements AnimalSong<Cat> {
        @Override
        public String song(Cat cat) {
        // TODO Auto-generated method stub
            return cat.sound() + cat.sound();
        }
    }
    public class DogSong implements AnimalSong<Dog> {
        @Override
        public String song(Dog dog) {
            // TODO Auto-generated method stub
            return dog.sound() + dog.sound();
        }
    }
    public class TestGeneric1 {
        public static void main(String[] args) {
            AnimalSong<Cat>   cat = new CatSong();
            AnimalSong<Dog>   dog = new DogSong();
            System.out.println(cat.song(new Cat()));
            System.out.println(dog.song(new Dog()));
        }
    }
```

上述程序的输出如下：

```
miao miao miao...miao miao miao...
wang wang wang...wang wang wang...
```

通过上述程序可以看出，在实现 AnimalSong 接口时，就确定了具体的类型，这样在实现的方法内就不需要通过类型强制转换。同样，在 main 方法调用测试，实例化对象时，接口中的泛型已经明确为具体的类型。

泛型方法的声明在 public 或者其他修饰符之后，返回值类型之前，增加泛型，比如：

```
public <T> String sound(T animal) {…}
```

在泛型方法中，如果泛型类型作为参数传入，则在方法里面无法调用该泛型类型的方法，因为截至当前，方法并不知道该泛型的具体类型是什么。Java 为我们提供了一种限定方案，可以使用 extends 关键字来限定泛型，表示继承了某个类或者实现了某个接口，多个名称之间使用“&”符号分隔：

```
<T extends Animal & Comparable>
```

这样在方法中就可以调用 Animal 或者 Comparable 的方法。如果 T 重写了超类的方法，由于是动态绑定，最终是调用 T 的方法。

接着改写上面的例子，使用泛型方法而不是泛型接口来实现同样的功能。

```
public class Animal{
    public String sound() {
        return null;
    }
}
public class Cat extends Animal{
    public String sound() {
        return "miao miao miao...";
    }
}
public class Dog extends Animal{
    public String sound() {
        return "wang wang wang...";
    }
}
public interface AnimalSong {
        public <T extends Animal> String song(T animal);
}
public class CatSong implements AnimalSong {
    @Override
    public <T extends Animal> String song(T animal) {
        // TODO Auto-generated method stub
        return animal.sound() + animal.sound();
    }
}
public class DogSong implements AnimalSong {
    @Override
    public <T extends Animal> String song(T animal) {
        // TODO Auto-generated method stub
        return animal.sound() + animal.sound();
    }
}
public class TestGeneric2 {
    public static void main(String[] args) {
```

```
        AnimalSong    cat = new CatSong();
        AnimalSong    dog = new DogSong();
        System.out.println(cat.song(new Cat()));
        System.out.println(dog.song(new Dog()));
    }
}
```

我们定义了一个 Animal 类，其中有一个方法 sound(这个类应该定义为抽象类)，Cat 和 Dog 继承了 Animal。然后在接口中的泛型方法中使用了 extends 限定了泛型类型，在实现方法中可以调用 animal 的 sound 方法，最后在测试的 main 方法传入实际的对象，最终调用了 Cat 和 Dog 的 sound 方法，这个程序的输出和改写前的程序输出相同。

有时会看到在调用泛型方法时，方法前面会加上类型，但通常情况下，这个不是必需的，因为编译器可以自动推导出来。上述程序的 main 方法中的调用如下：

```
System.out.println(cat.song(new Cat()));
```

等价于

```
System.out.println(cat.<Cat>song(new Cat()));
```

6.2 通配符类型

通配符类型使用“<?>”来表示。通配符类型包括无限定通配符和限定通配符。限定通配符包括子类型限定和超类型限定。

通配符类型不是一种类型，不能使用通配符类型声明类型。需要说明的是，即便是固定类型的泛型也只能是声明，不能实例化。比如，T t = new T()；这样会出现错误。通配符类型多用于方法参数中。

无限定通配符只需要使用“<?>”表示就可以了。如果需要声明一个子类型限定的通配符，则使用 extends 关键字；如果需要声明超类型限定通配符，则使用 super 关键字。比如：<? extends Animal>表示一个限定子类型的通配符，<? super Animal> 表示一个限定超类型的通配符。

下面我们增加一个泛型类 FindSweet，在测试类中增加一个方法 getSweet，并用这个方法判断传递过来的动物叫声。如果是猫咪的叫声，则返回真。

```
public class Animal{
    public String sound() {
        return null;
    }
}
public class Cat extends Animal{
    public String sound() {
        return "miao miao miao...";
    }
```

```
}
public class Dog extends Animal{
    public String sound() {
        return "wang wang wang...";
    }
}
public class FindSweet<T> {
    private T sweet;
    public FindSweet() {
        sweet = null;
    }
    public FindSweet(T sweet) {
        this.sweet = sweet;
    }
    public T getSweet() {
        return sweet;
    }
    public void setSweet(T sweet) {
        this.sweet = sweet;
    }
}
public class TestGeneric3 {
    public static void main(String[] args) {
        FindSweet<? extends Animal> sweetCat = new FindSweet<Cat>(new Cat());
        FindSweet<? extends Animal> sweetDog = new FindSweet<Dog>(new Dog());
        if (getSweet(sweetCat)){
            System.out.println("I am sweet cat.");
        }
        if (getSweet(sweetDog)){
            System.out.println("I am sweet dog.");
        }
    }
    public static boolean getSweet(FindSweet<? extends Animal> sweet) {
        if (sweet.getSweet().sound().equals(new Cat().sound())) {
            return true;
        }
        return false;
    }
}
```

上述程序的输出如下：

```
I am sweet cat.
```

需要注意的是，泛型的类型不能使用在静态域和静态方法中，比如：

```
public class TestGen<T extends Animal> {
    //error, Cannot make a static reference to the non-static type T
    private static T name;

    static private T show(){
        return null;
    }//error,
}
```

非泛型类中可以有静态泛型方法，比如：

```
public class TestGen {
    static private <T> void show(T t){ }
}
```

6.2.1　< ? extends T> 和< ? super T >的区别

通常来讲，子类型限定的通配类型可以从泛型对象读取，超类型限定的通配类型可以从泛型对象写入。

当通配泛型作为方法参数类型时，ClassName < ? extends T>表示参数类 ClassName 中的泛型类型必须是 T 或者 T 的子类型，ClassName < ? super T>表示参数类 ClassName 中的泛型类型必须是 T 或者 T 的超类型。当使用 ClassName < ? extends T>作为参数时，该参数对象不能使用 ClassName 的 set 操作，即写操作；当使用 ClassName < ? super T>作为参数时，该参数对象不能使用 ClassName 的 get 操作，即读操作。但这里有一个规避，可以强制将其转为 Object 类型读取，不过这样就失去了泛型安全性设计的初衷。

这段话比较难以理解，我们通过下面的例子来说明。

```
public class Animal{
    public void description(){
        System.out.println("It's an animal");
    }
}

public class Dog extends Animal{
    @Override
    public void description(){
        System.out.println("It's a dog.");
    }
}
```

```
public class BlackDog extends Dog {
    @Override
    public void description(){
        System.out.println("It's a black dog.");
    }
}
```

上面定义了三个类，分别是 Animal、Dog 和 BlackDog，并且依次进行了继承，接下来先从方法调用传递参数的角度来观察 extends 和 super 的区别。

```
public class TestGen {
    public static void copy(List<? super Dog> dest, List<? extends Dog> src) {
        for (int i = 0; i < src.size(); i++) {
            dest.set(i, src.get(i));
        }
    }
    public void testCall() {
       List<Animal> animalList = new ArrayList<Animal>(2);
       List<Dog> dogList = new ArrayList<Dog>(2);
       List<BlackDog> blackDogList = new ArrayList<BlackDog>(2);



        copy(animalList, blackDogList);// ok
        copy(dogList, dogList);// ok
        copy(dogList, animalList); // error
        copy(blackDogList, dogList);// error
    }
}
```

以上编写了一个 copy 方法，为了说明问题，没有做 List 长度边界的校验等异常处理，这个方法的作用是将 src 中的元素复制到 dest 中。从调用的角度来看，当调用 copy 方法时，第一个参数必须是 List<Dog 或者 Dog 的子类>，第二个参数必须是 List<Dog 或者 Dog 的超类>。

接下来从访问参数类本身的角度来观察。首先从 copy 方法中可以看出，参数 dest 使用了 super 限定类型，所以可以使用 List 的 set 操作(如果使用 get 操作，则编译器报错)。当然，也可以进行强制转换，将其赋给 Object 对象。参数 src 使用了 extends 限定类型，所以可以使用 List 的 get 操作(如果使用 set 操作，编译器会报错)。

下面使用 List 本身说明两者之间的区别。

```
public void testAcecess(){
    //< ? extends Dog >
    List<? extends Dog> list1 = new ArrayList<>(3);
```

```
        //编译器只知道是 Dog 的子类型，无法确定具体类型
        list1.add(new Animal());//error
        list1.add(new Dog()); //error
        list1.add(new BlackDog());//error

        Dog dog1 = list1.get(0);//ok，可以使用 Dog 接收
        BlackDog blackDog1 = list1.get(0);//error，不能使用 Dog 的子类接收
        Animal animal1 = list1.get(0);//ok，可以使用 Dog 的超类接收
        // < ? super Dog >
        List<? super Dog> list2 = new ArrayList<>(3);

        //编译器不能确定具体类型，但是知道一定是 Dog 或者 Dog 的超类型，因此
        //可以将一个 Dog 或者 Dog 的子类型赋给 Dog 超类型
        list2.add(new Animal());//error,不能放入 Dog 的超类
        list2.add(new Dog()); //ok，可以放入 Dog 本身
        list2.add(new BlackDog());//ok，可以放入 Dog 的子类

        Dog dog2 = list2.get(0);//error，不可以接收
        BlackDog blackDog2 = list2.get(0);//error，不可以接收
        Animal animal2 = list2.get(0);//error，不可以接收
    }
```

从上述例子中可以看出这两者之间有关读写和访问的区别，但是这个例子不太好解释原因。下面再通过一个例子来解释其中的道理。

```
    List<? extends Dog> list1 = new ArrayList<Dog>(3); //ok
    List<? extends Dog> list2 = new ArrayList<BlackDog>(3);//ok
    List<? extends Dog> list3 = new ArrayList<Animal>(3); //error，必须是 Dog 或者其子类
    List<? super Dog> list4 = new ArrayList<Dog>(3);
    List<? super Dog> list5 = new ArrayList<Animal>(3);
    List<? super Dog> list6 = new ArrayList<BlackDog>(3); //error，必须是 Dog 或者其超类
```

针对 List<? extends Dog>，要新建一个具体类型 List 的方法，只有两种形式，即 List<Dog>或者 List<BlackDog>。在上述例子中直接使用了< >，没有将具体的类型带入。也就是说，对于 List<? extends Dog>来说，编译器只知道它可能会是 List<Dog>或者 List<BlacDog>，现在要对这个 List 做 set 操作，却发现无法操作，因为编译器没有办法确定到底是哪一种 List，总不能将一个 Dog 放入 List<BlackDog>中吧！但是对于 get 操作就不同，因为无论哪一种 List，总是可以用 Dog 或者 Dog 的超类来接收。再来看 List<? super Dog>，针对本例，合法的形式只有 List<Dog>或者 List<Animal>(Object 类型除外)，现在需要对 List 进行 set 操作，尽管可能有两种 List，但无论哪个，都可以将 Dog 或者 Dog 的子类放进去。反过来看 get 操作，由于有两种 List，因此编译器并不能确定其类型，其原因是 Dog 可以转换为 Animal，但不能将 Animal 转为 Dog 类型。

以上几个例子清楚地讲述了<? extends T>和<? super T>之间的区别和使用场景，这里总结一下两者的使用场景：如果需要一个列表提供元素来读取，则需要声明为<? extends T>类型；如果需要一个列表使用或者消费元素，则需要声明为<? super T>类型。

6.2.2 无限定通配类型<?>

extends 和 super 分别限定了通配符的上界和下界，无限定通配符“?”则不限定上下界，即可以传入任何参数，但和传入 Object 有所不同。当使用通配符“?”时，不能调用 set 方法，但当传入 Object 时可以调用 set 方法。通常来讲，通配符定义变量的主要作用是引用，可以调用与参数化无关的方法，不能调用与参数化有关的方法。

```
package com.hayee;

import java.util.ArrayList;
import java.util.List;

public class PrintList {
    public static void main(String[] args) {
        List<Integer> listInteger = new ArrayList<Integer>();
        listInteger.add(1);
        listInteger.add(2);
        List<String> listString = new ArrayList<String>();
        listString.add("Hello");
        listString.add("World");
        outList(listInteger);
        outList(listString);
    }

    public static void outList(List<?> list) {
        for (Object obj : list) {
            System.out.println(obj);
        }
    }
}
```

这段代码中如果将 outList 方法中参数的通配符替换为 Object，则编译报错。

第7章　集　　合

集合是 Java 程序开发中频繁使用的数据结构，Java 类库中提供了多种形式的集合，包括 List、Set、Map、Queue、Stack 等。本节的主要目的是学会如何使用这些集合。Java 中的集合都面向接口，也就是接口和实现分离。比如，List 只是一个接口，而实现 List 接口的有好几种。这样做的好处就是，当觉得某种实现并不适合时，只需要修改实现接口的代码即可，不用改变方法的调用。同时，Java 针对每一种集合也提供了线程安全实现类和非线程安全实现类。

7.1　集合接口概述

集合有两个基本的接口：Collection 和 Map。列表及集合都实现了 Collection 接口，而映射表则实现了 Map 接口。Collection 接口中有一个重要的方法 iterator，这个方法是一个迭代器，正是通过这个迭代器，才可以对集合进行遍历。比如，对一个 List 进行遍历：

```
List<String> players = new ArrayList<String>();
players.add("shiminhua");
players.add("Basten");
Iterator<String> itrator = players.iterator();
while(itrator.hasNext()){
    String player = itrator.next();
    System.out.println("player = " + player);
}
```

当然，也可以直接使用 for each 甚至 forEach 进行遍历，上述示例说明了遍历的本质，无论 for each 还是 forEach，最终都通过 iterator 接口遍历。也就是说，可以通过重写 iterator 接口来改变对集合的遍历方法，如果开发自己的集合也要去实现这个方法。

Map 中实际上包含了三个集，分别是键集、值集以及键值对集。根据需要，通过对这三个集进行遍历就可以完成对映射表的遍历。

7.2　列表、集

列表 List 的常用实现类有 ArrayList 和 LinkedList，前者以数组形式实现，后者以链表形式实现。可以通过 for each 遍历，通过 add 添加元素，通过 remove 移除元素，通过 size 获取大小等，更多的 API 函数可以参考 JDK 文档。

集(Set)可放入一系列元素，但不允许插入重复元素，其主要实现有 HashSet 和 TreeSet。其中，HashSet 中的元素是无序排列的，而 TreeSet 中的元素是可排序的。

7.3 映 射 表

映射表(Map)是一个键值对的集合，集合中的键不能重复。比如，使用身份证和姓名构成键值对，身份证作为键，姓名作为值。Map 的实现有 HashMap 和 TreeMap，前者中的元素无序排列，使用键进行散列排放，而后者使用键的顺序对元素进行排序。Java 还提供了 Hashtable 和 ConcurrentHashMap，这两个都是线程安全的 HashMap，但是现在不推荐使用 Hashtable。

前面提到，Map 中有三个集，分别是键集、值集以及键值对集。获取这三个集的方法如下：

```
Set<K>   keySet()   //键集
Collection<K> values()   //值集
Set<Map.Entry<K,V>> entrySet()   //键值对集
```

通过对上述三个集的遍历就可以获取我们所需要的键或值，如果同时需要获取键和值，则遍历键值对集。

```
import java.util.HashMap;
import java.util.Map;

public class TestMap {
    public static void main(String[] args) {
        Map<Integer, String> players = new HashMap<Integer, String>();
        players.put(9, "Basten");
        players.put(11, "shiminhua");
        for (Map.Entry<Integer, String> entry : players.entrySet()) {
            System.out.println(entry.getValue() + " No is " + entry.getKey());
        }
    }
}
```

上述程序中创建了一个 players 的 Map，并增加了两条记录，然后对其遍历输出，输出结果如下：

```
Basten No is 9
Shiminhua No is 11
```

7.4 集合运算操作

集合运算操作主要包括集合的并集、交集和差集。设集合 A 与集合 B，集合运算定义

如下：

A∪B 表示集合 A 和 B 的并集，即 A 和 B 中所有的元素，但对于重复的元素只包括一份。

A∩B 表示集合 A 和 B 的交集，即 A 和 B 中共有的元素。

A−B 表示集合 A 和 B 的差集，即只存在于 A 中而不存在于 B 中的元素。

其中，“∪”和“∩”运算满足交换律，而“−”运算是不满足交换律的。

在 Java 库中，可以使用 addAll、removeAll 和 retainAll 三个方法来完成集合的常规运算。需要注意的是，由于 List 允许重复元素，因此在使用 List 做集合运算时，其结果并不是严格意义上的集合运算结果。比如，使用 listA.addAll(listB)操作会将 listB 追加到 listA，并不会对其中的元素去重，如果想要得到严格意义的集合运算结果，就需要对结果进行去重。去重的方法有多种，比如循环将 List 元素赋值给 Set，或者使用 contains 方法逐个判断等。Java 8 还可以采用流方式(将在后续章节中讲述)，使用 distict 关键字来实现。比如：

```
result = result.stream().distinct().collect(Collectors.toList())
```

使用 Set 进行集合运算时，由于 Set 不允许有重复元素，所以运算结果是符合集合运算的结果。下面是使用 Set 进行集合运算的例子。

```
import java.util.HashSet;
import java.util.Set;
public class CollectionCal {
    public static void main(String[] args) {
        Set<String> A = new HashSet<String>();
        Set<String> B = new HashSet<String>();

        Set<String> result =   new HashSet<String>();
        A.add("1");
        A.add("2");
        A.add("3");
        A.add("4");
        A.add("5");
        A.add("6");

        B.add("6");
        B.add("7");
        B.add("8");
        B.add("9");
        B.add("10");
        //并集
        result.addAll(A);
        result.addAll(B);
        System.out.println(result.toString());
```

```
        //交集
        result.clear();
        result.addAll(A);
        result.retainAll(B);
        System.out.println(result.toString());
        //差集 A-B
        result.clear();
        result.addAll(A);
        result.removeAll(B);
        System.out.println(result.toString());
        //差集 B-A
        result.clear();
        result.addAll(B);
        result.removeAll(A);
        System.out.println(result.toString());
    }
}
```

上述例子的运行结果如下：

```
[1, 2, 3, 4, 5, 6, 7, 8, 9, 10]
[6]
[1, 2, 3, 4, 5]
[7, 8, 9, 10]
```

7.5 属性映射表

属性映射表常用于配置文件的读取和保存，也就是常说的 properties 文件。这种文件中，通常左边是属性，中间是“=”符号，右边是键值。Java 提供了专用的方法对这类属性文件进行读写。

```
import java.io.FileInputStream;
import java.io.FileNotFoundException;
import java.io.FileOutputStream;
import java.io.IOException;
import java.util.Properties;

public class TestProperties {
    public static void main(String[] args) {
        Properties settings = new Properties();
        settings.put("9", "Basten");
```

```
            settings.put("11", "shiminhua");
            FileOutputStream out;
            try {
                out = new FileOutputStream("setting.properties");
                settings.store(out, "Ac Milan players");
                out.close();
                FileInputStream in = new
                FileInputStream("setting.properties");
                settings.load(in);
                System.out.println(settings.get("9"));
                System.out.println(settings.get("11"));
                in.close();
            } catch (FileNotFoundException e) {
                // TODO Auto-generated catch block
                e.printStackTrace();
            } catch (IOException e) {
                // TODO Auto-generated catch block
                e.printStackTrace();
            }
        }
    }
```

首先将属性字段和值写入属性文件 setting.properties，然后读出来，并输出属性分别为“9”和“11”的值。

7.6 应用实例

Java 中还提供了队列、堆栈等集合，下面提供一个对树的深度和广度遍历的例子。

本例中首先使用中国的地名来构造一棵树，然后通过深度和广度遍历将所有的地名打印出来。每个地名都使用“中国,省,市,县”这样的格式来表示，如“中国,陕西,西安”。下面首先提供了一个 composeCityTree 方法来构造一棵树(使用递归的方法来构造)，然后提供了 printTreeBreadth 和 printTreeDepth 两种不同遍历的输出方法。

```
import java.util.ArrayList;
import java.util.LinkedList;
import java.util.List;
import java.util.Queue;
import java.util.Stack;

public class CityTree {
```

```
private String city;
private String parent;
private List<CityTree> child;
public CityTree() {
    child = new ArrayList<CityTree>();
}
/**
* 根据城市字符串构造树
*
* @param root
*            构造书的根节点
* @param node
*            需要构造的节点
*/
public static void composeCityTree(CityTree root, CityTree node) {
    if (root == null) {
        return;
    }
    if (breadthSearch(root, node.getCity()) != null) {
        // 节点已经在树上
        return;
    }
    String parentDn = getParentDn(node.getCity());
    CityTree parent = null;
    if (root != null) {
        // 根据节点名称获取其父节点
        parent = breadthSearch(root, parentDn);
    }
    if (parent == null) {
        // 父节点不在树上，需要先在树上构造其父节点
        CityTree parentNode = new CityTree();
        parentNode.setCity(parentDn);
        addChild(parentNode, node);
        composeCityTree(root, parentNode);
    } else {
        // 父节点在树上，直接将本节点挂在父节点下
        addChild(parent, node);
    }
    return;
```

```
}
/**
* 根据节点名称分裂出父节点名称
*
* @param dn
*           节点名称
* @return        父节点名称
*/
public static String getParentDn(String dn) {
    String[] arrayDn = dn.split(",");
    if (arrayDn.length <= 1) {
        return null;
    }
    String parentDn = "";
    for (int i = 0; i < arrayDn.length - 1; i++) {
        parentDn += arrayDn[i];
        if (i != arrayDn.length - 2) {
            parentDn += ",";
        }
    }
    return parentDn;
}
/**
* 添加孩子节点到父节点上
*
* @param parent
*           父节点
* @param child
*           孩子节点
*/
public static void addChild(CityTree parent, CityTree child) {
    child.setParent(parent.getCity());
    parent.getChild().add(child);
    return;
}
/**
*广度遍历树，并输出每个节点的名称。使用队列数据结构，先进先出。从根节点
*开始遍历，将根节点的孩子逐个装入队列，依次将每个孩子遍历，同时将孩子的孩子再装
*入队列，完成广度遍历
```

```
* @param tree
*      需要遍历的树根节点
* @return    所有节点的名称
*/
public static String printTreeBreadth(CityTree tree) {
    StringBuilder sb = new StringBuilder();
    // 创建队列，并将根节点装入队列
    Queue<CityTree> queue = new LinkedList<CityTree>();
    queue.offer(tree);
    while (!queue.isEmpty()) {
        // 从队列中取出一个节点
        CityTree node = queue.poll();
        // 取出节点的名称
        String dn = node.getCity();
        sb.append(dn);
        sb.append("\n");
        // 获取节点的所有孩子节点
        List<CityTree> childs = node.getChild();

        if (childs != null && !childs.isEmpty()) {
            for (CityTree child : childs) {
                // 将孩子节点放入队列
                queue.offer(child);
            }
        }
    }
    return sb.toString();
}
/**
*深度遍历树，并输出每个节点的名称。使用栈数据结构，先进后出。从根节点开始遍历，将
*根节点的孩子依次从右向左压栈，在遍历第一个孩子时，仍然继续将第一个孩子的孩子从右
*向左压栈。完成深度遍历
* @param tree
*      需要遍历的树根节点
* @return 所有节点的名称
*/
public static String printTreeDepth(CityTree tree) {
    StringBuilder sb = new StringBuilder();
    // 创建栈，并将根节点压栈
```

```
        Stack<CityTree> stack = new Stack<CityTree>();
        stack.push(tree);
        while (!stack.isEmpty()) {
            // 从栈中弹出一个节点
            CityTree node = stack.pop();
            String dn = node.getCity();
            sb.append(dn);
            sb.append("\n");
            // 获取节点的所有孩子节点
            List<CityTree> childs = node.getChild();
            if (childs != null && !childs.isEmpty() && childs.size() > 0) {
                for (int i = 0, j = childs.size() - 1; i < childs.size(); i++, j--) {
                    // 将孩子节点依次从右向左压入堆栈
                    stack.push(childs.get(j));
                }
            }
        }
        return sb.toString();
    }

    /**
     * 搜索某个节点，采用广度搜索算法
     *
     * @param cityTree
     *            需要搜索的树
     * @param city
     *            需要搜索的节点
     * @return  搜索到的节点
     */
    public static CityTree breadthSearch(CityTree cityTree, String city) {
        Queue<CityTree> queue = new LinkedList<CityTree>();
        queue.offer(cityTree);
        while (!queue.isEmpty()) {
            CityTree node = queue.poll();
            if (node.getCity() == null || node.getCity().isEmpty()) {
                return null;
            }
            if (node.getCity().equals(city)) {
                return node;
```

```
        }
        List<CityTree> childs = node.getChild();

        if (childs != null && !childs.isEmpty()) {
            for (CityTree child : childs) {
                if (child.getCity() == null || child.getCity().isEmpty()) {
                    return null;
                }
                if (child.getCity().equals(city)) {
                    return child;
                } else {
                    queue.offer(child);
                }
            }
        }
    }
    return null;
}

public String getCity() {
    return city;
}
public void setCity(String city) {
    this.city = city;
}
public String getParent() {
    return parent;
}
public void setParent(String parent) {
    this.parent = parent;
}
public List<CityTree> getChild() {
    return child;
}
public void setChild(List<CityTree> child) {
    this.child = child;
}
public static void main(String[] args) {
    CityTree node1 = new CityTree();
```

```
        node1.setCity("中国,陕西,西安");
        CityTree node2 = new CityTree();
        node2.setCity("中国,北京");
        CityTree node3 = new CityTree();
        node3.setCity("中国,江苏,南京");
        CityTree node4 = new CityTree();
        node4.setCity("中国,陕西,咸阳,泾阳");
        CityTree root = new CityTree();
        root.setCity("中国");

        CityTree.composeCityTree(root, node1);
        CityTree.composeCityTree(root, node2);
        CityTree.composeCityTree(root, node3);
        CityTree.composeCityTree(root, node4);
        System.out.println("======Breadth print=======");
        System.out.println(CityTree.printTreeBreadth(root));
        System.out.println("======Depth print=======");
        System.out.println(CityTree.printTreeDepth(root));
    }
}
```

程序输出如下：

```
======Breadth print=======
中国
中国,陕西
中国,北京
中国,江苏
中国,陕西,西安
中国,陕西,咸阳
中国,江苏,南京
中国,陕西,咸阳,泾阳

======Depth print=======
中国
中国,陕西
中国,陕西,西安
中国,陕西,咸阳
中国,陕西,咸阳,泾阳
中国,北京
中国,江苏
中国,江苏,南京
```

第 8 章　异常处理与多线程

8.1　异常的抛出与捕获

程序在运行过程中，可能由于程序本身或者环境的原因出现错误，因此我们需要一个健壮的程序去正确处理这些错误。Java 提供了异常处理机制来处理这种问题，当发生一个已知或者未知问题时，程序可以选择将这种异常信息抛出去供上层调用来处理，也可以通过自己来捕获异常，采取处理措施。

8.1.1　异常的分类

Java 中的异常可以分为两大类，分别是 Error 和 Exception，这两个异常都派生于 Throwable 类，所以说 Throwable 是异常类的祖先。

Error 类主要描述了 Java 运行时系统的内部错误和资源耗尽错误，出现这种错误通常都是因为软件系统设计错误。此时，除了告知错误信息外，程序本身几乎无能为力，这种情况比较少见。

Exception 类又有两个子类，分别是 RuntimeException 和 IOException。RuntimeException 主要包括程序运行时本身的错误，比如被零除、数组越界等；IOException 包括 IO 相关的异常，比如文件找不到、读文件出错、网络出错等。当然，这两个类下边还有更细分的多个子类。

除了这些，用户还可以自定义异常。自定义的异常需要继承 Exception 类或者 Exception 的子类，详见后续章节。

8.1.2　异常的抛出

当某个方法在处理过程中出现异常，经过判断认为该异常应该由上层调用处理，那么就需要将该异常抛出。如果抛出的异常属于 RuntimeException 类，则调用者可以忽略，无须进行处理(出现 RuntimeException 异常是程序本身设计的原因，应该从程序自身寻找原因，而不是抛出这类异常)。如果抛出的是 IOException 类异常，则调用者就必须处理这种异常，要么继续抛出去，要么使用 try/catch 块捕获处理异常。

一个方法要抛出异常，需要在方法声明时用 throws 关键字声明所要抛出的异常，如果要抛出多种异常，则每种异常之间使用“,”符号隔开。

```
public class TestException{
    public Integer demoException(Integer div) throws RuntimeException{
        int count = 10;
```

```
            if (div == 0){
                System.out.println("Throw exception");
                throw new RuntimeException();
            }
            System.out.println("go on...");
            return count / div;
        }
        public static void main(String[] args) {
            TestException testException = new TestException();
            testException.demoException(0);
        }
    }
```

如果将 demoException 方法的抛出异常更改为 IOException，则调用处需要使用 try/catch 块来处理。

在使用 throw 抛出异常时，通常可以使用带一个字符串参数的构造器，这样，字符串信息将会被输出，比如：

```
throw new RuntimeException("I am exception demo");
```

当一个方法运行到 throw 抛出异常时，该方法将不会继续运行下去，即调用者不会得到方法的返回值。

8.1.3 自定义异常

创建一个自定义异常比较容易，只需要继承 Exception 或者它的子类，然后提供两个构造器，通常一个是无参构造器，另外一个是携带一个字符串的有参构造器。这样，超类的 Throwable 的 toString 方法将会打印出这些详细信息。

```
public class MyException extends IOException {
    public MyException(){ }
    public MyException(String errMsg){
        super(errMsg);
    }
}
```

这样就可以抛出 MyException 异常了。

8.1.4 异常的捕获

在前面的章节中，已经出现过不少的 try/catch 块语句，catch 用来捕获 try 语句块中所产生的异常，可以使用一个 catch 来捕获所有的 Exception，也可以使用多个 catch 来捕获不同的异常。在 catch 块中也可以继续嵌套 try/catch 块。多个 catch 捕获异常的语句如下所示：

```
try{
```

```
        //do something
    }catch(FileNotFoundException e1){
    }catch(SocketException e2){

    }catch(IOException e3){

    }
```

通常在 catch 块中除了处理异常的代码外，通常还会输出一些与异常相关的信息，如使用 printStackTrace()方法打印出异常的运行堆栈，使用 getMessage 输出一些详细信息。需要注意的是，并不是只有异常的时候才可以打印运行栈，在程序运行的任何时候都可以使用 Thread.dumpStack()来输出线程运行栈。

8.1.5　异常的包装

异常的包装源码如下：

```
public class MyException extends IOException {
    public MyException(){}
    public MyException(String errMsg){
        super(errMsg);
    }
}
public class TestException{
    public Integer demoException(Integer div) throws RuntimeException{
        int count = 10;
        if (div == 0){
            throw new RuntimeException("Div zero");
        }
        System.out.println("go on...");
        return count / div;
    }
    public static void testMyException() throws MyException {
        TestException testException = new TestException();
        try{
            testException.demoException(0);
        }catch(Exception e){
            MyException myException = new MyException("My exception");
            myException.initCause(e);
            throw myException;
        }
```

```
        }
        public static void main(String[] args) {
            try {
                testMyException();
            } catch (MyException e) {
                // TODO Auto-generated catch block
                e.printStackTrace();
                System.out.println(e.getCause());
            }
        }
    }
```

在 testMyException 方法中，用 myException.initCause(e)将原始的异常信息保存，然后抛出新的异常，在 main 方法中，就可以输出原始异常的信息“Div zero”。如果不保存原始异常信息，则 main 方法中就得不到原始信息“Div zero”。

一个完整的异常处理通常应由 try/catch/finally 语句块构成，前边的章节已讲述了 try/catch/finally 的流程，并且提到了 finally 语句块中如果有 return 带来的副作用。在 finally 块中继续使用 try/catch 捕获异常是合法的，如关闭文件这样的操作确实可能会存在异常。但这种用法并不提倡，finally 块中应该做最简单的资源释放操作。

8.2 线程创建

在 Java 中创建一个线程是比较容易的，首先创建一个类实现 Runnable 接口的 run 方法，也就是要创建线程需要运行的内容，然后用该类的实例作为 Thread 类构造器的参数创建一个 Thread 的实例，最后调用 Thread 类对象的 start 方法就可以完成线程的创建。

```
public class TestThread1{
    public static void main(String[] args) {
        Runnable r = new Runnable() {
            @Override
            public void run() { // TODO Auto-generated method stub
                for (;;) {
                    System.out.println("thread Start");
                    try {
                        Thread.sleep(1000);
                    } catch (Exception e) {
                        e.printStackTrace();
                    }
                }
            }
```

```
        };
        Thread thread = new Thread(r);
        thread.start();
    }
}
```

上面使用匿名内部类创建了一个实现了 Runnable 接口的实例。Run 方法中，有一个无限循环，间隔 1 秒钟打印输出"thread Start"。

上面的创建形式还可以使用之前学习过的 lambda 表达式进一步简化，源码如下：

```
public class TestThread2 {
    public static void main(String[] args) {
        new Thread(() -> {
            for (;;) {
                System.out.println("thread Start");
                try {
                    Thread.sleep(1000);
                } catch (Exception e) {
                    e.printStackTrace();
                }
            }
        }).start();
    }
}
```

如果在一个线程执行的过程中遇到了 return 或者未捕获的异常，线程将终止运行。对于未捕获的异常，可以通过 setUncaughtExceptionHandler 对线程安装一个处理器来接收异常并做处理，详情可参考 JDK 文档。

8.3 线 程 池

上一节讲述了如何创建一个线程，但在实际的项目开发中，应尽可能避免使用这种直接创建线程的方式，除非确实只需要创建为数很少、需要长时间或者持续运行的线程，否则，就应该使用线程池的方式来创建线程。毕竟，创建线程是一项比较耗费资源的过程，对于需要频繁创建一次性线程来说更是如此。

8.3.1 ThreadPoolExecutor

ThreadPoolExecutor 类是 Java 线程池中的核心类，但相关书籍和文档对这个类的介绍比较少，因为 Java 文档并不建议直接使用 ThreadPoolExecutor 类，而是建议使用 Executors 类提供的几个静态方法来创建线程池。之所以这样建议，是因为 ThreadPool Executor 构造器的参数比较多，其中涉及了线程池的核心参数，而初学者和一般使用者并不太了解这些参数，不知道怎么去设置，因此 Executors 提供的方法可以使用户避免接触这些参数。但是如果 Executors 提供的创建线程池的方法并不能够满足开发需要，或者需要对线程池参数进行调整从而优化程序运行，就很有必要去了解和学习 ThreadPoolExecutor。

ThreadPoolExecutor 有四个构造器，但归根到底只有一个核心构造器，其他三个构造器都调用该构造器。这个构造器有七个参数，该构造器的源码如下所示：

```
public ThreadPoolExecutor(int corePoolSize,
    int maximumPoolSize,
    long keepAliveTime,
    TimeUnit unit,
    BlockingQueue<Runnable> workQueue,
    ThreadFactory threadFactory,
    RejectedExecutionHandler handler) {
    if (corePoolSize < 0 ||
        maximumPoolSize <= 0 ||
        maximumPoolSize < corePoolSize ||
        keepAliveTime < 0)
        throw new IllegalArgumentException();
    if (workQueue == null || threadFactory == null || handler == null)
        throw new NullPointerException();
        this.corePoolSize = corePoolSize;
        this.maximumPoolSize = maximumPoolSize;
        this.workQueue = workQueue;
        this.keepAliveTime = unit.toNanos(keepAliveTime);
        this.threadFactory = threadFactory;
        this.handler = handler;
}
```

JDK 源码中的注释对参数的说明：

@param corePoolSize the number of threads to keep in the pool, even if they are idle, unless {@code allowCoreThreadTimeOut} is set

@param maximumPoolSize the maximum number of threads to allow in the pool

@param keepAliveTime when the number of threads is greater than the core, this is the maximum time that excess idle threads will wait for new tasks before terminating.

@param unit the time unit for the {@code keepAliveTime} argument

@param workQueue the queue to use for holding tasks before they are executed. This queue will hold only the {@code Runnable} tasks submitted by the {@code execute} method.

@param threadFactory the factory to use when the executor creates a new thread

@param handler the handler to use when execution is blocked because the thread bounds and queue capacities are reached

(1) corePoolSize：线程池的核心大小，允许在线程池中存活的线程个数，即使这些线程处于 Idle 态，除非设置 allowCoreThreadTimeOut。

(2) maximumPoolSize：允许进入线程池的最大线程个数，这个参数似乎和 corePoolSize 有些矛盾，其实并不是。corePoolSize 表示在线程池中最多可以有 corePoolSize 个线程在等待执行任务，也就是说可能会有空线程。maximumPoolSize 则表示，如果需要工作的线程超过 corePoolSize 个，那么最多再产生 maximumPoolSize-corePoolSize 个线程，让它们进入线程池工作。也就是说，如果 corePoolSize 个线程都在忙碌，那么就需要有一些额外的线程工作。如果这些额外产生的线程工作结束，那么就会由 keepAliveTime 参数来决定多长时间将它们驱逐出线程池。

(3) keepAliveTime：存活时间。线程池中的线程数超过 corePoolSize 时，则将 Idle 态的线程终止。

(4) unit：keepAliveTime 单位。TimeUnit.DAYS、TimeUnit.HOURS、TimeUnit.MINUTES、TimeUnit.SECONDS、TimeUnit.MILLISECONDS、TimeUnit.MICROSECONDS、TimeUnit.NANOSECONDS。

(5) workQueue：工作队列。存放已经提交但并未执行的线程。工作队列支持三种模式，分别是 ArrayList BlockingQueue、LinkedBlockingQueue 和 SynchronousQueue。使用比较多的是 LinkedBlockingQueue。ArrayListBlockingQueue 是一个基于数组的阻塞队列，LinkedBlockingQueue 是一个基于链表的队列。两者的区别在于，高负荷运行时 LinkedBlockingQueue 的效率应该比 ArrayListBlockingQueue 高一些，但是 LinkedBlockingQueue 在 GC 时可能需要消耗更多的时间。这两个队列如果没有设置最大值，默认是 Integer.MAX_VALUE = 0x7fffffff，即可以认为是无界的。SynchronousQueue 是一个比较特殊的队列，被认为是只有 1 个缓冲的队列，也就是说只有当该队列中的线程被拿走以后，才能放入新的线程。

(6) threadFactory：创建线程的线程工厂。

(7) handler：当线程由于线程自身限制或者队列容量限制，线程的执行被阻塞时需要调用的钩子方法。默认模式下，采用终止策略然后抛出一个异常，即 ThreadPool Executor.AbortPolicy。

ThreadPoolExecutor 提供了四个静态内部类可供使用，分别是：

ThreadPoolExecutor.AbortPolicy：丢弃任务并抛出 RejectedExecutionException 异常。

ThreadPoolExecutor.DiscardPolicy：也是丢弃任务，但是不抛出异常。

ThreadPoolExecutor.DiscardOldestPolicy：丢弃队列最前面的任务，然后重新尝试执行任务(重复此过程)。

ThreadPoolExecutor.CallerRunsPolicy：由调用线程处理该任务。

当然也可以自定义一个实现 RejectedExecutionHandler 接口的类。

ThreadPoolExecutor 主要使用的有 execute、submit、shutdown 三个方法，当然还有其他许多方法，比如获取队列的相关信息等，可以参考 JDK 文档。execute 和 submit 用来向线程池提交需要运行的线程，两者的区别是 submit 通常用来提交 future 任务，可以得到线程的返回值。submit 在 ThreadPoolExecutor 的超类 AbstractExecutorService 中实现，最后也是调用 execute 方法。shutdown 用来关闭线程池，但需要等待线程池中的线程执行结束。还有一个 shutdownNow 方法，这个方法不会等待线程的执行结束，而是直接尝试去终止运行的线程。另外，ThreadPoolExecutor 还提供了对于这些参数的 set 方法，运行时通过 set 方法来动态修改线程池参数。比如 setCorePoolSize 方法修改 corePoolSize。

```
import java.util.concurrent.BlockingQueue;
import java.util.concurrent.Executors;
import java.util.concurrent.LinkedBlockingQueue;
import java.util.concurrent.RejectedExecutionHandler;
import java.util.concurrent.ThreadFactory;
import java.util.concurrent.ThreadPoolExecutor;
import java.util.concurrent.TimeUnit;

public class TestThreadPool {
    public static void main(String[] args) {
        int corePoolSize = 5;
        int maximumPoolSize = 10;
        long keepAliveTime = 300;
        TimeUnit unit = TimeUnit.SECONDS;
        BlockingQueue<Runnable> workQueue = new LinkedBlockingQueue<Runnable>(10);
        ThreadFactory threadFactory = Executors.defaultThreadFactory();
        RejectedExecutionHandler handler = new ThreadPoolExecutor.AbortPolicy();
        ThreadPoolExecutor pool = new ThreadPoolExecutor(corePoolSize, maximumPoolSize,
                                    keepAliveTime, unit, workQueue, threadFactory, handler);
        Runnable r = new Runnable() {
            @Override
            public void run() { // TODO Auto-generated method stub
                System.out.println("thread Start");
                try {
                    Thread.sleep(1000);
                    System.out.println("thread end");
                } catch (Exception e) {
                    e.printStackTrace();
                }
            }
        }

        for (int i = 0; i < 10; i++){
            pool.execute(r);
        }
    }
}
```

上面的例子中，首先创建了线程池 pool，然后创建了一个执行任务 r，最后通过一个循环提交 10 个任务到线程池中执行。

8.3.2　Executors

上述介绍了 ThreadPoolExecutor 类，这个类是线程池的核心类，由于参数较多，并且涉及了线程池的核心参数，因此对于初学者和对线程池效率等方面要求不是很高的用户，不建议直接使用 ThreadPoolExecutor 创建线程池，而是推荐使用 Executors 提供的静态方法来创建线程池，这些方法针对不同的需求，对线程池的参数进行了默认处理，这样使得开发人员无须关心更多细节。这几个方法分别是：

创建固定容量大小的线程池：

```
public static ExecutorService newFixedThreadPool(int nThreads)
```

创建容量为 1 的线程池：

```
public static ExecutorService newSingleThreadExecutor()
```

创建一个线程池，缓冲池容量大小为 Integer.MAX_VALUE：

```
public static ExecutorService newCachedThreadPool()
```

另外，ThreadPoolExecutor 还提供了 Schedule 系列的线程池，比如 newSingleThreadScheduledExecutor，这些线程池可以根据时间周期策略来执行任务，详情参考 JDK 文档。

8.4　Callable 与 Future

在前面章节中，创建的线程都是实现了 Runnable 接口，接口中的 run 方法并没有返回值。假设要多个线程分别进行一个复杂的计算，最后需要将计算结果进行汇总，或者所有的计算中只要满足需求的一部分后，整个过程就可以结束，这种场景下使用 Runnable 实现就比较麻烦。针对这种情况，Java 提供了 Callable 接口，这个接口可以有返回值，而且可以使用 Future 对象来获取。

Callable 的接口原型如下：

```
public interface Callable<V> {
    /**
    * Computes a result, or throws an exception if unable to do so.
    *
    * @return computed result
    * @throws Exception if unable to compute a result
    */
    V call() throws Exception;
}
```

用实现了 Callable 接口的对象再构造一个 Future 对象(FutureTask 包装器实现了 Future 接口)，然后将 Future 对象提交到 Thread 或者线程池执行，通过 Future 的方法获取返回值。Future 接口原型如下：

```
public interface Future<V> {
    //设置是否可以被中断
    boolean cancel(boolean mayInterruptIfRunning);
    //如果未开始，则取消，如果开始，并且 mayInterruptIfRunning 为 true，则中断。
    boolean isCancelled();
    //如果还在执行，返回 false，否则返回 true
    boolean isDone();
    //阻塞调用结果，直到线程返回。
    V get() throws InterruptedException, ExecutionException;
    //阻塞调用结果，超时返回。
    V get(long timeout, TimeUnit unit)
    throws InterruptedException, ExecutionException, TimeoutException;
}
```

下面通过一个简单的示例来说明 Future 的应用，用两个线程分别计算 1～100 和 201～300 的和，再将计算结果累加起来。

```
import java.util.concurrent.Callable;

public class Calculator implements Callable<Integer> {
    private Integer start;
    private Integer end;
    public Calculator(Integer start, Integer end){
        this.start = start;
        this.end = end;
    }
    @Override
    public Integer call() throws Exception {
        // TODO Auto-generated method stub
        Integer result = 0;
        for(Integer i = start; i <= end; i++){
            result += i;
        }
        return result;
    }
}
import java.util.ArrayList;
import java.util.List;
import java.util.concurrent.ExecutionException;
import java.util.concurrent.ExecutorService;
import java.util.concurrent.Executors;
```

```
import java.util.concurrent.Future;

public class TestFuture {
    public static void main(String[] args) {
        ExecutorService pool = Executors.newFixedThreadPool(2);
        Calculator task1 = new Calculator(1, 100);
        Calculator task2 = new Calculator(201, 300);
        List<Future<Integer>> resultList = new ArrayList<Future<Integer>>();
        resultList.add(pool.submit(task1));
        resultList.add(pool.submit(task2));
        Integer sum = 0;
        for(Future<Integer> result : resultList){
            try {
                sum += result.get();
            } catch (InterruptedException | ExecutionException e) {
                // TODO Auto-generated catch block
                e.printStackTrace();
            }
        }
        System.out.println("sum = " + sum);
    }
}
```

需要注意的是，如果使用线程池的 submit 进行线程提交的话，就不需要使用 FutureTask 包装 Callable 接口，因为 submit 直接返回 Future 对象。如果使用 Thread 的 start 方法启动线程，则需要使用 FutureTask 进行包装，因为 Thread 并没有 submit 方法。改写的 main 方法如下：

```
public static void main(String[] args) {
    FutureTask<Integer> task1 = new FutureTask<Integer> (new Calculator(1, 100));
    FutureTask<Integer> task2 = new FutureTask<Integer> (new Calculator(201, 300));
    List<Future<Integer>> resultList = new ArrayList<Future<Integer>>();
    resultList.add(task1);
    resultList.add(task2);
    new Thread(task1).start();
    new Thread(task2).start();
    Integer sum = 0;
    for(Future<Integer> result : resultList){
        try {
            sum += result.get();
        } catch (InterruptedException | ExecutionException e) {
```

```
                // TODO Auto-generated catch block
                e.printStackTrace();
            }
        }
        System.out.println("sum = " + sum);
    }
```

8.5 线程的同步

线程之间的同步是多线程编程中很难避免的事情，比如，一个售货系统，货架上只有一个商品，有多个客户要买，但是不可能将一个商品卖给多个客户，这就涉及同步问题。Java 提供了多种形式的锁，同时也提供了一种相对更简单的机制，那就是使用 synchronized 关键字。synchronized 关键字通常用于某个方法，也可以用于某个方法内的同步块。在应用于方法内时，需要先创建一个对象锁。用于方法时则不需要创建，默认使用本对象的内部锁。

```
public class TestSync {
    private int count = 0;
    private Object mutex = new Object();

    public synchronized void calculate(){
        count++;
    }
    public void otherCalculate(){
        synchronized (mutex) {
            count--;
        }
    }
}
```

尽管 Java 提供了看似简单好用的 synchronized 关键字，使得编写同步程序的代码看起来简捷、容易，但是 synchronized 也有局限性，比如说没有办法设置获取锁的超时时长，如果某个线程挂住后，由于没有超时设置，就会导致死锁。另外，如果在方法上使用了 synchronized 关键字，多个线程调用该方法时必须排队执行，但方法中也许有多数的代码执行并不需要同步，这样就导致执行效率的下降。因此，在多线程编程中，应该尽量避免使用同步，而应该使用其他方法，比如，可以通过消息队列将某些需要同步的工作串行化等。如果避免不了同步，则尽可能优先使用 synchronized 关键字，而不是 Java 提供的其他锁方式，并且在 synchronized 方法中，代码应尽可能的少，尽可能地接近原子操作。

第 9 章　本地 IO 与远程通信

9.1　输入与输出流

可以从其中读出一个字节序列的对象称为输入流，可以向其中写入一个字节序列的对象称为输出流。输入、输出流不仅可以是文件，还可以是网络连接甚至是内存块。

在 C 语言中，对于文件的操作，可选择的只有是否使用缓冲方式。不使用缓冲方式，则使用 open、read、write、close 等一系列函数进行操作；如果使用缓冲方式，则需要使用 fopen、fread、fwrite、fclose 等。但无论使用何种方式，读出或者写入的数据仅仅是一个字节或者一个缓冲区，数据中更高级的含义仍需要程序来识别组织。比如，需要从文件中读取一个 int 类型数，那么就需要读取 4 个字节，然后将其强制转换为 int 类型等。Java 基于 InputStream 和 OutputStream 两个抽象类扩展了一个比较庞大的流家族，每一种流都针对其应用场景进行了相应的封装，应用起来更加简单。比如，使用 DataInputStream，通过 readInt 方法就可以读取一个 int 数据。当然，要全面熟悉流家族也并非易事。本节将介绍几种常用的流。

9.1.1　InputStream 和 OutputStream

InputStream 和 OutputStream 是输入、输出流家族的祖先。InputStream 中有一个抽象方法 read，该方法从流中读取一个字节；同样，OutputStream 中也有一个抽象方法 write，该方法向流中写入一个字节。

1. InputStream(输入流)

- abstract int read()：读入数据并返回。如果读到输入流的末尾，则返回-1。
- int read(byte[] b)：读入数据到字节数组 b 中，并返回读取字节的长度。如果读到输入流的末尾，则返回 -1。读取的最大长度为 b.length 个字节。
- int read(byte[] b, int off, int len)：读入数据到字节数组 b 中，并返回读取字节的长度。如果读到输入流的末尾，则返回 -1。其中的 off 表示将读入的数据放在 b 中的起始偏移位置，len 表示读入字节的最大数量。
- long skip(long n)：输入流中跳过 n 个字节，返回实际跳过的字节数。
- void close()：关闭流。

除了以上几个方法外，还有一个 available 方法以及几个标记流位置的方法。其中，available 用于获取在不阻塞情况下可以获取的字节数，主要用于网络。流标记方法主要用于文件某些情况下再次读取流的情况，由于顺序流不支持 seek 方式(跳到指定位置)，所以需要使用这种不太好用的流标记方式，而且不是所有的流都支持这个特性。如果读写文件需要使用 seek 来跳转，那么就需要使用随机访问文件的方式。

2. OutputStream(输出流)

- void write(int b)：将 1 个字节数据写入流中。参数 b 是 int 型，为 4 个字节，这里只将低 8 位写入，高 24 位将被忽略。
- void write(byte[] b)：将字节数组 b 中的数据写入流中。
- void write(byte[] b, int off, int len)：将字节数组 b 中起始位置从 off 开始的 len 个字节写入流中。
- void flush()：将缓冲区中的数据写入流中。
- void close()：关闭流。

由于 read 和 write 是抽象方法，因此 InputStream 和 OutputStream 并不能直接用于文件操作(其他几个 read 和 write 方法也是调用抽象的无参 read 和 write 方法)。要操作文件，则需要使用流的组合。

9.1.2　FileInputStream 和 FileOutputStream

FileInputStream 和 FileOutputStream 可以提供附着在一个磁盘文件上的输入、输出流，即可以打开一个文件进行读取和写入。FileInputStream 和 FileOutputStream 只支持字节级别上的读写，通常组合 DataInputStream 和 DataOutputStream 进行数据读写。如果要处理字符文件，使用更多的是 Reader 和 Writer 类。这些类提供了按照行读取和写入的操作。

```
try {
    DataInputStream dataIn = new DataInputStream(
                        new BufferedInputStream(new FileInputStream("abc.dat")));
    int length = dataIn.readInt();
    System.out.println("length = " + length);
    dataIn.close();
} catch (IOException e) {
    // TODO Auto-generated catch block
    e.printStackTrace();
}
```

上述代码中，首先使用 FileInputStream 连接磁盘文件 abc.dat，然后将流连接到 BufferedInputStream(一个带缓冲的输入流)，最后连接到 DataInputStream，这样就可以使用 DataInputStream 提供的基础数据操作方法来读取文件。

9.1.3　Reader 和 Writer

处理文本文件，通常使用 Reader 和 Writer 的子类。基于 Reader 和 Writer 两个抽象类，扩展了很多子类，用于不同类型文本文件的处理。

在 Java 的早期版本中，对文本文件的行处理只能使用 FileReader 和 FileWriter。FileReader 提供了按行读取的方法，典型示例如下：

```
try {
    BufferedReader in=new BufferedReader(new FileReade ("application.properties"));
```

```
        String line;
        while ((line = in.readLine()) != null){
            System.out.println("line = " + line);
        }
    } catch (Exception e) {
        // TODO Auto-generated catch block
        e.printStackTrace();
    }
```

在 Java 7 以后，还可以使用 Files 的静态方法进行操作，比如：

```
    try {
        String content = new
        String(Files.readAllBytes(Paths.get("application.properties")), "utf-8");
        List<String>lines=
        Files.readAllLines(Paths.get("application.properties"), Charset.forName("utf-8"));
        Stream<String>linesStream=
        Files.lines(Paths.get("application.properties"), Charset.forName("utf-8"));
    } catch (IOException e) {
        // TODO Auto-generated catch block
        e.printStackTrace();
    }
```

其中，Files.readAllBytes 和 Files. readAllLines 将文件全部读出来；Files.lines 将文件变成一个流(这种方式在 Java 8 中也是支持的，关于这种流的操作将在后续章节中讲述)。

9.1.4　RandomAccessFile

RandomAccessFile 提供了对文件随机位置的读写，并且实现了 DataInput 和 DataOutput 接口(DataInputStream 和 DataOutputStream 也实现了这个接口)，这样就可以通过 seek 方法指定需要访问的文件位置，通过 DataInput 和 DataOutput 接口方法读写文件。

RandomAccessFile 构造对象时有两个参数，即文件名和打开模式，主要有“r”(读)和“rw”(读写)模式。

```
RandomAccessFile inOut = RandomAccessFile("abc.dat", "rw");
```

RandomAccessFile 主要有以下几个方法：

- long getFilePointer()：返回文件指针当前位置。
- void seek(long pos)：将文件指针移动到相对于文件头的 pos 位置处。
- long length()：返回文件的长度，单位为字节。

9.2　内存映射文件

在 Java 8 之前，内存映射文件也被称为 NIO。内存映射文件，顾名思义就是将文件或者文件的一部分映射到内存，访问这个文件就像访问内存数组一样，这样会大幅提高文件访问速度。

9.2.1 内存映射文件的使用

Java 中使用内存映射文件非常简单，首先使用 FileChannel 的 open 方法获取一个文件通道，然后使用通道的 Map 方法获取到一个 ByteBuffer，这样就可以通过 ByteBuffer 的 get 和 put 系列方法对文件进行操作。

(1) static FileChannel open(Path path, OpenOption…options)：打开指定路径的文件通道。默认情况下，通道打开时用于读入。

参数 path 为打开通道的文件路径。

参数 options 表示对文件的操作方式，取值为 StandardOpenOption 类中的 WRITE、APPEND、TRUNCATE_EXISTING、CREATE 值。

(2) MappedByteBuffer map(FileChannel.MapMode mode, long position, long size)：将文件或者文件的一部分映射到内存中。

参数 mode 表示映射的内存区域模式，取值为 FileChannel.MapMode 类中的常量 RERAD_ONLY、READ_WRITE 或者 PRIVATE 之一。其中，RERAD_ONLY 表示映射的内存区为只读的，任何写操作将会返回一个 ReadOnlyBufferException 异常；READ_WRITE 表示该内存区为可写的，任何修改将会在某个时刻被写回到文件中，但是写回文件的时刻由操作系统所决定，即存在内存和磁盘中文件内容不一致的时候；PRIVATE 表示该内存区域可写，但任何修改都不会写回到文件中。

参数 position 表示映射文件的起始文件。

参数 size 表示需要映射区域的大小。

对于打开的映射文件，可以通过 get 和 put 系列方法进行读写，主要读写方法如下：

(1) boolean hasRemaining()：如果当前的缓冲区位置没有到达该缓冲区的界限位置，则返回 true。

(2) int limit()：返回这个缓冲区的界限位置，即没有数据值可用的第一个位置。

(3) byte get()：从当前位置获得一个字节，并将当前位置移动到下一个字节。

(4) byte get(int index)：从指定索引处获取一个字节。

(5) ByteBuffer put(byte b)：向当前位置推入一个字节，并将当前位置移动到下一个字节，返回对这个缓冲区的引用。

(6) ByteBuffer put(int index, byte b)：向指定索引处推入一个字节，返回对这个缓冲区的引用。

除了以上读写方法外，还有一系列 getXxx 和 putXxx 方法。其中，Xxx 表示 Int、Long、Short、Char、Float 以及 Double 类型，如 getInt 等。

```
import java.io.IOException;
import java.nio.MappedByteBuffer;
import java.nio.channels.FileChannel;
import java.nio.file.Paths;
```

```
public class NewIo {
    public static void main(String[] args) {
        try {
            FileChannel channel = FileChannel.open(Paths.get("application.properties"));
            MappedByteBuffer    buf = channel.map
                    (FileChannel.MapMode.READ_ONLY, 0, channel.size());
            for(int i = 0; i < channel.size(); i++)
            {
                char c = (char)buf.get();
                System.out.print(String.valueOf(c));
            }
        } cat (IOException e) {
            // TODO Auto-generated catch block
            e.printStackTrace();
        }
    }
}
```

假设在 application.properties 文件中写入一行“version=1.0”，则上面的示例程序将会输出：

```
version=1.0
```

9.2.2　文件加锁机制

当同一个 JVM 下不同程序需要写同一个文件时，可能会产生冲突，这时就需要文件锁来对文件进行控制。FileChannel 类提供了文件锁功能，首先打开通道，然后调用 lock 方法即可锁定文件，使用 close 即可释放锁。比如：

```
FileChannel ch = FileChannel.open(Paths.get("application.properties"));
FileLock lock = Channel.lock();
// do something
lock.close();
```

尽管 Java 提供了文件锁机制，但文件锁通常依赖于操作系统，因此在程序中应该尽量避免使用文件锁。

9.3　文 件 管 理

文件管理指的是目录创建、目录遍历、文件的删除和复制等操作。在 Java 7 之前，对于文件管理使用 File 类，Java 7 之后提供了 Files 类，这个类中提供了更多更方便的文件管理方法。当然，File 类中的方法也可以使用。

由于文件管理的方法比较简单，本节不再赘述，读者可以参考 JDK 中 File 和 Files 类中的各种方法。

9.4 对象序列化

如果要将一个对象保存到文件，或者将对象在网络中进行传输，就需要指定一系列规则和格式，这样就可以将保存到文件或者从网络中接收的字节流按照这个规则恢复为原来的对象，这一系列操作被称为序列化及反序列化。Java 提供了一种通用的序列化和反序列化机制，这种机制的内部实现还是比较复杂和精妙的，在这里只需要了解如何去使用这种机制。感兴趣的读者可以参阅序列化及反序列化的相关资料。本书参考文献[1][2]中也对序列化、反序列化的实现机制进行了较为深入的剖析。

在某个对象需要序列化功能时，该对象只需要实现 Serializable 接口即可，Serializable 接口中并不需要覆盖重写任何方法。当实现 Serializable 接口时，在 IDE 开发环境中会提示需要一个 serialVersionUID，这个字段不是必需的，但建议增加。实现 Serializable 接口后，如果没有增加 serialVersionUID 字段，则 Eclipse 会有一个“!”提示符，点击该提示符，选择“Add generated serial version ID”，Eclipse 就会自动生成一个 serialVersionUID。serialVersionUID 用来区别对象的版本。假如一个对象保存到文件后又增加了一个属性，那么从文件中恢复对象就会产生未知原因的错误。如果增加了 serialVersionUID，则当对象发生改变后，就需要更改 serialVersionUID，否则在反序列化时就会产生版本不一致的明确错误。

9.4.1 transient

某些对象的属性中可能会包含一些瞬态域，比如说文件句柄，文件句柄只在文件打开时有效，文件关闭后，该值就无效，而且再次使用这些值很可能造成程序崩溃，因此类似这种瞬态域不应该被序列化。这时可以将该域标记为 transient，这样在序列化时将会被跳过。

9.4.2 对象的保存和加载

如果需要将某个对象进行保存并加载，首先，该对象需要实现 Serializable 接口，然后使用 ObjectOutputStream 和 ObjectInputStream 将对象进行保存和加载。

```
FootballClub juventus = new FootballClub("Juventus");
ObjectOutputStream out = new ObjectOutputStream(new FileOutputStream("fc.dat"));
out.writeObject(juventus);
out.close();

ObjectInputStream in = new ObjectInputStream(new FileInputStream("fc.dat"));
FootballClub juv = (FootballClub)in.readObject();
in.close();
```

9.5　RMI

RMI(Remote Method Invocation，远程方法调用)是可以使得不在同一个机器上的 Java 程序就像调用本地方法一样调用远程 Java 程序的方法。也就是说，RMI 只能用于 Java 程序之间。在 Java 5 之前，编写和使用 RMI 是比较麻烦的；Java 5 之后，编写和使用 RMI 则比较简单。尽管现在有各种 RPC(Remote Procedure Call)框架的应用，使用原生 RMI 编写 Java 应用的机会逐渐变少，但我们还是有必要了解原生 RMI 的用法。

编写一个通用的 RMI 程序，通常需要三部分来完成，即服务端、客户端和公共部分。服务端提供远程接口，客户端调用服务端接口，公共部分则同时存在于服务端和客户端，包括调用的接口以及接口调用时可能需要传递的参数对象。下面通过一个简单的例子来讲解 RMI 的应用。这个例子中，我们建了三个 package，分别是 com.hayee.rmi.client、com.hayee.rmi.server 和 com.hayee.rmi.common。在 com.hayee.rmi.common 中存放了远程接口和远程接口需要传递的参数对象。远程接口需要继承 Remote 接口，并且接口中的方法需要抛出 RemoteException 异常。com.hayee.rmi.server 实现了远程接口，实现远程接口时必须继承 UnicastRemoteObject 类，并且需要一个抛出 RemoteException 异常的构造器。com.hayee.rmi.client 演示如何调用远程接口。

如果需要将服务端和客户端都打成 JAR 包运行，则需要将 com.hayee.rmi.common 包同时放在服务端和客户端。

1. 公共部分

公共部分代码如下：

```
package com.hayee.rmi.common.bean;
//传递的参数对象
import java.io.Serializable;
public class Player implements Serializable {
    private static final long serialVersionUID = -7807624565329737075L;

    private String name;
    private String sportsName;

    public Player(String name, String sportsName) {
        super();
        this.name = name;
        this.sportsName = sportsName;
    }

    public String getName() {
        return name;
```

```
        }
        public void setName(String name) {
            this.name = name;
        }
        public String getSportsName() {
            return sportsName;
        }
        public void setSportsName(String sportsName) {
            this.sportsName = sportsName;
        }
    }
    //调用的接口方法
    package com.hayee.rmi.common.intf;
    import java.rmi.Remote;
    import java.rmi.RemoteException;

    import com.hayee.rmi.common.bean.Player;

    public interface ISports extends Remote {
        public String sayPlayer(Player player) throws RemoteException;
    }
```

2. 服务端

服务端代码如下：

```
package com.hayee.rmi.server;

import java.rmi.AlreadyBoundException;
import java.rmi.RemoteException;
import java.rmi.registry.LocateRegistry;
import java.rmi.registry.Registry;
import java.rmi.server.UnicastRemoteObject;

import com.hayee.rmi.common.bean.Player;
import com.hayee.rmi.common.intf.ISports;

public class SportsPlayer extends UnicastRemoteObject implements ISports {
    protected SportsPlayer() throws RemoteException {
        super();
        // TODO Auto-generated constructor stub
```

```
        }
        private static final long serialVersionUID = 3395680646588114957L;

        @Override
        public String sayPlayer(Player player) throws RemoteException {
            // TODO Auto-generated method stub

            if (player.getSportsName().equalsIgnoreCase("football")){
                return "I like football and player name is " + player.getName();
            }
            return "I hate " + player.getSportsName() + " and play name is " + player.getName();
        }

        public static void main(String[] args) throws AlreadyBoundException{
            try {
                //注册 RMI 服务
                Registry registry = LocateRegistry.createRegistry(1099);
                registry.bind("Sports", new SportsPlayer());

            } catch (RemoteException e) {
                // TODO Auto-generated catch block
                e.printStackTrace();
            }
        }
    }
```

3. 客户端

客户端代码如下：

```
package com.hayee.rmi.client;

import java.rmi.NotBoundException;
import java.rmi.RemoteException;
import java.rmi.registry.LocateRegistry;
import java.rmi.registry.Registry;

import com.hayee.rmi.common.bean.Player;
import com.hayee.rmi.common.intf.ISports;

public class QueryPlayer {
```

```
    public static void main(String[] args) {
        Registry registry;
        try {
            //获取 RMI 服务接口
            registry = LocateRegistry.getRegistry("192.168.130.228", 1099);
            ISports sports = (ISports) registry.lookup("Sports");
            System.out.println(sports.sayPlayer(new Player("Basten", "football")));
        } catch (RemoteException e) {
            // TODO Auto-generated catch block
            e.printStackTrace();
        }
        catch (NotBoundException e) {
            // TODO Auto-generated catch block
            e.printStackTrace();
        }
    }
}
```

上述示例使用了 LocateRegistry 方式进行注册和查找 RMI 接口，在其他一些资料中还可以发现使用 Context 或者 Naming 方式进行注册和查找的方式，但总的来说，使用 LocateRegistry 方式更方便、更好用。

9.6　JMS

JMS(Java Message Service，Java 消息服务)API 是一个消息服务的标准和规范，允许应用程序组件基于 Java EE 平台创建、发送、接收和读取消息。JMS 支持点对点消息模式以及发布订阅消息模式。

在 Java 应用程序中使用 JMS 有两种方式：一种是依赖于 Java EE 平台的容器，如 JBoss；另一种是使用实现了 JMS 规范的第三方组件，如 HornetQ、ActiveMQ 等。JMS 规范只适用于 Java 应用之间，随着其他消息协议，比如 AMQP(Advanced Message Queuing Protocol，高级消息队列协议，AMQP 协议支持多种应用之间的消息传递)的广泛使用，JMS 的使用空间逐渐被压缩。当前主流的消息中间件为 RabbitMQ、ActiveMQ 以及 Kafka 等。

第 10 章　数据库与数据流操作

10.1　JDBC 概述

JDBC(Java DataBase Connectivity，Java 数据库连接)是 Java 访问数据库的一组 API 规范。Java 编程人员通过 JDBC 提供的 API 来访问数据库，而数据库厂商则需要提供符合 JDBC 规范的驱动适配数据库。简单地说，就是将 Java 访问数据库的需求翻译成数据库相关的协议。

使用原生 JDBC 进行编程的项目并不太多，因为 JDBC 访问数据库方式相对比较繁琐，每次操作数据库都需要一堆模板代码。另外，JDBC 方式将 SQL 语句与 Java 代码紧耦合起来，使得代码的可读性较差。尽管如此，对于一个 Java 程序员来说，了解 JDBC 还是有必要的，因为无论是 JPA 方式还是其他诸如 MyBatis 方式，其最终都要归结到 JDBC，本章将简单介绍如何使用 JDBC 对数据库进行基础访问。关于 JDBC 的更多操作，感兴趣的读者可参阅相关资料。

10.1.1　JDBC 驱动类

使用 JDBC 访问数据库通常需要四个步骤：第一步，注册数据库驱动程序；第二步，打开数据库连接；第三步，调用 API 执行 SQL 语句；第四步，关闭连接。数据库的连接可以反复打开和关闭，驱动程序的注册在一个应用中只需一次。

每一个数据库厂商都会提供一个供 JDBC 访问的驱动程序 JAR 包，比如 MySQL 会提供一个 mysql-connector-java.jar 文件，打开 JAR 包，很容易看到驱动类的全名是 com.mysql.jdbc.Driver；在一些新版本中，MySQL 的驱动类名称是 com.mysql.cj.jdbc.Driver。Oracle 数据库的驱动有点混乱，常用的有 ojdbc14 或者 ojdbc6 这样的 JAR 包。其中 ojdbc14 适用于 Java 5，而 ojdbc6 则适用于 Java 6 及以后。另外 ojdbc6 本身也有一些版本的更新，用于匹配更新版本的 Java 或者 Oracle 数据库。在使用时，应该在 Oracle 官方网站查找其推荐的驱动程序版本。Oracle 的驱动类的全名是 oracle.jdbc.driver.OracleDriver。

Java 通过 DriverManager 管理 JDBC 驱动程序，通常注册 JDBC 驱动有三种方式：第一种，通过 Class.forName 加载；第二种，在程序的运行命令行中使用-Djdbc.drivers 指定；第三种，在程序中通过 System 设置 jdbc.drivers 属性。

Class.forName 加载：

```
Class.forName("oracle.jdbc.driver.OracleDriver");
```

尽管从表面上看，这种方式并没有创建驱动程序类的实例，但是通过这种方式加载驱动类实际上执行了驱动程序中的静态代码段，驱动程序的静态代码段会创建实例并注册到 DriverManager。

命令行方式：

```
java -Djdbc.drivers=oracle.jdbc.driver.OracleDriver  AppName
```

调用 System 设置属性：

```
System.setProperty("jdbc.drivers","oracle.jdbc.driver.OracleDriver");
```

这种方式可以设置多个驱动程序，多个驱动程序使用“:”隔开。

在进行驱动程序注册前，需要将数据库驱动的 JAR 包放入自己的项目工程中。

10.1.2　连接数据库

连接数据库时需要有三个基本要素，分别是 URL、用户名和密码，其中的 URL 以“jdbc:”开始，后边的格式根据数据库的不同也会有所不同。常用数据库的 URL 如下所示：

Oracle 数据库：

```
jdbc:oracle:thin:@localhost:1521:orcl
```

其中，localhost 是数据库的 IP 地址，orcl 为数据库 SID。

MySQL 数据库：

```
jdbc:mysql://localhost:3306/myDB?user=root&password=abc123&useUnicode=
true&characterEncoding=utf-8
```

其中，localhost 是数据库的 IP 地址，myDB 为数据库名，“？”后面是数据库的相关参数(注：其中的用户名和密码也可以不用在 URL 中指定)。

```
Class.forName("oracle.jdbc.driver.OracleDriver");
String url="jdbc:oracle:thin:@localhost:1521:orcl";
String user="root";
String password="abc123";
Connection conn=DriverManager.getConnection(url,user,password);
```

通过上述代码就可以建立一个数据库连接，建立连接后可以创建 SQL 执行器，通过 SQL 执行器执行 SQL 语句，当数据库连接不再使用时，需要用 close 关闭数据库连接。

Connection 对象常用的方法如下：

- Statement createStatement()：创建一个 Statement。
- PreparedStatement prepareStatement(String sql)：创建一个 PreparedStatement。
- void commit()：提交。
- void rollback()：事务失败后回滚。
- void close()：关闭数据库连接。
- DatabaseMetaData getMetaData()：获取数据库的元数据，包括很多关于数据库、表等相关特性。

10.2　执行 SQL

1. Statement

连接到数据库后，需要创建 Statement 或者 preparedStatement 对象来执行 SQL 语句。

preparedStatement 的用法将在下个小节讲述。

Statement 对象中常用方法如下：

- ResultSet executeQuery(String sql)：执行一条查询语句，并返回结果集。
- int executeUpdate(String sql)：执行一条插入、删除或者更新语句，返回影响的行数。
- void close()：关闭 Statement。
- boolean execute(String sql)：执行 SQL，可以返回多个结果集(有些数据库支持返多个结果集，比如在存储过程中，返回多个表的查询结果)。
- ResultSet getResultSet()：获取多结果集中的一个结果集。
- int getUpdateCount()：获取当前结果集影响的行数，如果结果集是 ReselutSet 对象或者为空则返回 -1。
- boolean getMoreResults()：将结果集指向下一个，如果有下一个结果则返回 true，否则返回 false。

下面的示例代码中，我们对 tbl_employee 表执行 SQL 语句：

```
void accessDB() throws ClassNotFoundException, SQLException{
    Class.forName("com.mysql.jdbc.Driver");
    Stringurl="
    jdbc:mysql://localhost:3306/myDB?user=root&password=abc123&useUnicode=
  true&characterEncoding=utf-8";
    String user="root";
    String password="abc123";
    Connection conn= DriverManager.getConnection(url,user,password);
    Statement stat = conn.createStatement();
    String insertSql = "insert into tbl_employee (last_name, email, gender) values ('Basten',
 'basten@hayee.com','1')";
    stat.executeUpdate(insertSql);
    conn.commit();
    String updateSql = "update tbl_employee set email = 'basten2@hayee.com' where last_name =
 'Basten'";
    stat.executeUpdate(insertSql);
    conn.commit();

    String deleteSql = "delete tbl_employee where last_name = 'Basten'";
    stat.executeUpdate(insertSql);
    conn.commit();

    String selectSql = "select * from employee";
    ResultSet results = stat.executeQuery(selectSql);
    while(results.next()){
    String name = results.getString(2);
```

```
            String email = results.getString("email");
            String gender = results.getString(3);
        }
        stat.close();
        conn.close();
    }
```

上述示例代码中，我们对 tbl_employee 表进行了增删改查操作。tbl_employee 有四个列，分别是 id、last_name、email 和 gender，其中 id 是自增字段，也是表的主键，其他几个字段都是 VARCHAR 类型，对应于 Java 中的 String 类型。

使用 executeQuery 进行查询后，需要对返回的结果集进行遍历，遍历时需要使用 next 方法进行迭代，返回行内容，再使用 get 系列方法获取列值。get 方法的入参可以是行的位置索引，也可以是行名。如果是位置索引，则从 1 开始。

2. PreparedStatement

当使用 Statement 对象执行 SQL 语句时，通常使用字符串拼接方式直接将 SQL 语句拼接好执行，而 PreparedStatement 对象允许在 SQL 语句中使用"?"符号进行参数占位，然后通过 set 系列方法将参数的值设置进去。从表面上看，这二者没有多大的区别，使用"?"占位方式同样可以用变量来拼接 SQL 语句，但这两种方式在执行过程中有本质上的区别。Statement 方式执行 SQL 时，数据库将从头到尾解析 SQL 语句，然后再执行；而 PreparedStatement 方式执行 SQL 时，SQL 语句已经经过了数据库的预编译，因此每次执行时只需要替换参数即可。所以就可以很轻易地得出结论，PreparedStatement 方式比 Statement 方式执行效率高。因此，一些复杂、反复执行的 SQL 语句要尽可能使用 PreparedStatement。

PreparedStatement 常用的方法如下：

- ResultSet executeQuery()：执行一条查询语句，并返回结果集。
- int executeUpdate()：执行一条插入、删除或者更新语句，返回影响的行数。
- void clearParameters()：清除 SQL 语句中参数的值。
- void setXxx(int parameterIndex, Xxx x)：设置各种类型的 SQL 语句中参数的值。其中，parameterIndex 是参数的位置索引，从 1 开始。

使用 PreparedStatement 进行数据访问的示例如下所示：

```
String selectSql = "select * from employee where last_name = ?";
PreparedStatement pstat = conn.prepareStatement(selectSql);
pstat.setString(1, "Basten");
ResultSet results = pstat.executeQuery(selectSql);
```

3. Statement 对象管理

一个 Connection 可以创建多个 Statement 或者 PreparedStatement，一个 Statement 或者 PreparedStatement 也可以多次执行不同的 SQL，但是它们只能有一个打开结果集。假设使用 executeQuery 方法先后分别执行了查询 Query1 和 Query2，那么将无法再通过结果集来遍历 Query1 的查询结果。如果要同时查看多个结果集，就需要创建多个 Statement，但需要注意的是，并不是每种数据库都支持同一个连接同时存活多个 Statement。因此，我们应该避免这种用法。

在实际的项目应用中，应该避免数据库频繁地连接打开和关闭，应该使用数据库连接池对数据库连接进行管理，比如 C3P0。

4. 多结果集处理

无论使用 Statement 还是 PreparedStatement 的 execute 方法时，都有可能返回多个结果集。对于多个结果集需要联合使用 getResultSet、getUpdateCount 和 getMoreResults 三个方法进行遍历。一个遍历多个结果集的示例如下：

```
Statement stat = conn.createStatement();
Boolean isResult = stat.execute("some Sql");
Boolean done = false;
while(!done){
    if (isResult){
        ResultSet results = stat.getResultSet();
        //do something for results
    }else{
    int updateCount = stat.getUpdateCount();
    if (updateCount >= 0){
        //here, return the count for update.
        //do something with updateCount
    }else{
        done = true;
    }
}
If (!done){
    isResult = stat.getMoreResults();
}
```

10.3 流 的 概 述

流(Stream)是 Java 8 引入的一种基于集合的高级运算方式，这里的流称作流操作更易理解，也更易区别于 IO 流。尽管所有在集合上的流操作都可以使用集合上的其他简单操作组合来完成，但流操作更简洁、方便，最大优点是可以并行计算。了解云计算的 MapReduce 的读者对于 Java 的流式操作很容易有一种似曾相识的感觉，这两者之间确实有许多相似之处。

流操作甚至支持一些类似数据库的操作，比如 distinct、groupby 等，因此，通过流操作可以构造功能很强大、很复杂的运算方式。如果不考虑代码的可维护性，用流操作构造复杂的功能无可厚非，但如果需要考虑代码的可读性、可维护性的话，用流操作构造出的复杂功能代码对于维护人员应该是一个不小的挑战。

流操作中大量使用了函数式接口，函数式接口也是 Java 8 引入的。如果一个方法的参数需要传入 lambda 表达式，那么在声明该方法时需要将参数声明为一个函数式接口。无论是函数式接口还是 lambda 表达式，其本质就是想达到函数指针的作用。

10.4 流的创建

有多种方法和途径来创建一个流，最常用的主要有集合对象、Arrays 类、Stream 类以及 Files 类的静态方法。

10.4.1 集合对象产生流

集合对象可以直接使用 stream 方法产生一个流。

```
List<String> text = new ArrayList<String>();
text.add("Hello");
text.add("World");
text.add("!");
Stream<String> helloStream = text.stream();
```

集合对象如果使用 parallelStream 方法则可以生成一个并行流，JVM 对并行流可进行优化执行，并行流的操作使用了多线程方式执行。

10.4.2 Arrays 产生流

可以使用 Arrays 的静态方法 stream 将一个数组转换为流，stream 方法还可以将数组中的一部分转换为流，其中范围起止参数包含起始，不包含终止。

```
Integer[] array = {1, 2, 3, 4};
Stream<Integer> arrayStream = Arrays.stream(array);
Stream<Integer> arrrayPartStream = Arrays.stream(array, 0, 2);
```

10.4.3 Stream 接口产生流

of 方法可以将一个数组转为流，也可以直接将多个元素转为一个流。

```
String[] names = {"Tom", "John", "Mary"};
Stream<String> nameStream = Stream.of(names);
Stream<String> animalStream = Stream.of("Cat", "Dog", "Tiger");
```

empty 方法可以创建一个空流，generate 和 iterate 可以创建无限流。空流比较容易理解，无限流理解起来稍微有点难，流工作方式是一种惰性工作方法，也就是说创建了一个流，并不等于这个流就真正开始工作，只有使用的时候，流才会工作。创建的无限流在应用的时候必然是使用其中的有限个元素。如果使用无限流中的有限个元素，流必然只会生成有限个元素的流。

generate 接受一个不包含任何引元的函数。下面创建了一个随机 Integer 数的无限流：

```
Stream<Integer> randomStream = Stream.generate(
        ()->{Random r = new Random();    return r.nextInt();});
```

查看 generate 原型，可以看到，该方法接受 Supplier<T>类型的参数，而 Supplier<T>是一个函数式接口，Supplier<T>定义如下：

```
@FunctionalInterface
public interface Supplier<T> {
    /**
     * Gets a result.
     *
     * @return a result
     */
    T get();
}
```

FunctionalInterface 注解表明它是一个函数式接口，该接口只有一个 get 方法，返回 T 类型的值。

iterate 接受两个参数，第一个参数是一个种子，第二个参数是一个 UnaryOperator<T>函数式接口参数，该参数表示一元运算操作符函数接受一个 T 类型参数，并返回 T 类型。下边的例子可以产生一个 1，2，3…这样的无限序列。

```
Stream<BigInteger> integeSeq = Stream.iterate(BigInteger.ONE, n -> n.add(BigInteger.ONE));
```

10.4.4　Files 产生流

可以通过 Files 的 lines 方法将某个文件的所有行产生为流，比如：

```
Stream<String> lines = Files.lines(Paths.get("application.properties"));
```

10.5　流的操作

产生一个流是为了对流中的数据进行处理。流操作通常可以划分为三个阶段：第一阶段产生流；第二阶段流数据处理；第三阶段处理结果的收集。当一个流被处理过后，该流将不再可用，相当于被关闭。另外，流不会改变源数据。

流数据处理阶段常用的操作有根据条件过滤、运算、抽取子流、转换等；结果处理阶段主要包括计数、结果收集、约简等。

10.5.1　filter、map 和 flatMap

filter、map 和 flatMap 是流转换的三个常用操作。

filter 接受一个 Predicate<? super T>函数式接口，该接口接受一个引元并返回 boolean 值。当用于一个流时，则满足该条件流的元素将生成一个新流。

```
Integer[] arrayInteger = {1, 2, 3, 4, 5};
long count = Arrays.stream(array).filter((x)-> x > 2).count();
```

上边的代码中 filter 过滤条件是 x > 2，将原来流中大于 2 的元素转换为一个新流，最后使用了一个计数函数获取流中的元素个数，终结本次流操作。

map 可以将某一种操作作用于流中的每一个元素，形成一个新流。

```
Integer[] arrayInteger = {1, 2, 3, 4, 5};
Stream<String>  IntegerStr  =    Arrays.stream(array).map((x)-> String.valueOf(x));
```

上述代码用于将 Integer 流转换为 String 流。

flatMap 用于将多个流连接为一个流，一个典型的场景就是，将文件使用 Files.lines 读入，这是一个流，流中的每一个元素是文件中一行，如果将每一行按照空格或者其他特殊符号进行拆分，那么每一个行就会产生一个流，最终会生成 Stream<Stream<String>>这样一个流，假设这个流不符合预期要求，更想要的是 Stream<String>这样的一个流，就可以使用 flatMap 来代替 map，将多个流合并为一个流。

10.5.2 limit、skip 和 concat

limit、skip 和 concat 主要用于流的裁剪。limit 可以提取流中的前 n 个元素，经常用于无限流的裁剪中；skip 则是跳过流中的前 n 个元素生成一个新流；concat 则用来连接两个流。

```
Stream.iterate(BigInteger.ONE, n -> n.add(BigInteger.ONE)).limit(100);
Integer[] array = {1, 2, 3, 4, 5};
Stream<Integer> arrayStream = Arrays.stream(array).skip(2);
Stream.concat(Stream.generate(() -> { Random r = new Random(); return r.nextInt();}).limit(10),
        arrayStream);
```

10.5.3 distinct、sorted 和 peek

distinct 用来去重，流中元素的顺序不变，剔除重复的元素生成新流。当使用 List 进行集合运算时，由于 List 允许重复元素，所以得到的并不符合集合运算的结果，故可以使用 distinct 进行去重，生成一个没有重复元素的流。当然，如果要生成一个 List，还需要使用收集结果的 collect 方法。

```
Integer[] arrayInteger = {1, 2, 3, 3, 4, 4, 5};
Arrays.stream(array).distinct();
```

sorted 用来排序，有两种形式：第一种形式不需要参数，流的类型实现了 Comparable 接口；第二种形式则需要提供一个 Comparator，这样可以根据自己定义的方式来进行排序。

sorted 的第二种形式如下：

```
Stream<T> sorted(Comparator<? super T> comparator);
```

可以看出，这个 sorted 方法需要一个 Comparator<? super T>类型的接口。Comparator 接口的原型：

```
@FunctionalInterface
public interface Comparator<T> {
    int compare(T o1, T o2);
    boolean equals(Object obj);
    ...
}
```

这个接口中有两个抽象方法，还有一堆的静态方法和 default 方法。抽象方法中的 equals 方法来自 Object，所以不用理会，关键是 compare 方法。要使用 Comparator 函数接口，就需要提供 compare 实现。该方法比较两个 T 对象，返回大于 0、等于 0 和小于 0 三种返回值，分别代表大于、等于和小于关系。

```
Stream<String> sortStream = Stream.of("Alice", "Tom", "John").sorted(
                                    (c1,c2)->(c1.length()>c2.length())? 1:
                                    (c1.length()==c2.length())? 0: -1);
```

上边的代码根据字符串的长度从小到大对流中的元素进行排序，给 sorted 提供了一个 lambda 表达式，接收两个引元，实现了 Comparator 接口的 compare 方法。

这行代码给出了怎么样去实现自己的比较函数，如果仅仅使用类似字符串长度这样的属性去进行比较的话，可以不用自己去实现 compare，直接调用 Comparator 的 comparing 方法即可，如下：

```
Stream<String>sortStream=Stream.of("Alice","Tom","John").sorted(Comparator.comparing(String::
length));
```

peek 主要用于调试，调用 peek 时，会产生一个新流，和原来流中的元素相同，并且会调用一个方法，这样在调试的时候就可以用 peek 将元素打印出来。

```
Stream<String>sortStream2=Stream.of("Alice","Tom","John").sorted(Comparator.comparing(String::
length).reversed()).peek((x)->System.out.println(x));
```

10.6 流的约简

对一个流进行了各种转换、裁剪等操作后，可能需要获取流中数据的最终结果，最简单的操作比如说计数、取最大、最小值，当然还有更复杂点的，允许使用自定义的计算方法计算结果等，这一过程被称为约简操作。约简操作是一种终结操作，约简操作会返回应用所需要的类型。

10.6.1 简单约简

一个最简单的约简就是 count 动作，对流元素进行计数，返回 long 类型，比如对两个流进行连接并去重，最后进行计数：

```
Long count = Stream.concat(Stream.of("Alice","Tom","John"), Stream.of("Jackson","John","Mary")).
distinct().count();
```

除了 count 外，简单约简还包括 max、min、findFirst、findAny、anyMatch、allMatch、noneMatch 等。其中 max、min、findFirst、findAny 返回 Optional<T>类型，anyMatch、allMatch、noneMatch 返回 boolean 类型。

在讲解 Optional<T>之前，先了解下这些约简方法的作用和所需参数。其中的 max 和 min 就是找出流中最大的元素和最小的元素，这两个方法需要一个 Comparator 参数，可以参考 sorted 方法。findFirst 和 findAny 分别返回流中的第一个元素和任意一个元素，两个方法都不需要参数。anyMatch、allMatch、noneMatch 分别表示匹配流中任意一个元素、匹配所有元素以及不匹配所有元素，返回 boolean 类型，需要一个 Predicate 类型的函数接口。Predicate 是需要一个引元并返回 boolean 的函数接口。比如：

```
boolean isFind = Stream.of("Alice", "Tom", "John").anyMatch((x)->x.length() > 4 ? true : false);
```

10.6.2　Optional

Optional<T>对象是一种包装器对象，要么包装了类型 T 的对象，要么没有包装任何对象。使用 Optional<T>类型比直接使用 T 类型更安全一些。

1. 使用 Optional

使用 Optional<T>有两个关键的策略，一个策略是如果 T 值不存在应该怎么处理，比如说产生可替代对象、抛出异常等；另一个策略是仅当 T 值存在时如何处理。为了描述第一个策略，我们先看下边这个例子：

```
String matchStr = "W";
Optional<String>optionalString=Stream.of("Alice","Tom","John").filter((x)->x.startsWith(matchStr))
        .findAny();
String result = optionalString.orElse("none");
System.out.println(result);
```

上边这段代码，在流中过滤出以 matchStr 开始的字符串，如果找到则输出任意一个匹配的元素，如果没有匹配则输出“none”。上例中的 matchStr 为“W”，流中不存在匹配的元素，所以输出 none，如果将匹配字符改为“A”，则会输出 Alice。

上例中的关键是调用了 Optional 的方法 orElse，为 Optional 为空时提供了一个默认值，下来看 Optional 所提供的常用方法。

(1) T　orElse(T other)：如果不为空则产生 T 值，否则产生 other。

(2) T　orElseGet(Supplier<? extends T> other)：不为空则产生 T 值，否则产生 other。

(3) <X extends Throwable> T orElseThrow(Supplier<? extends X> exceptionSupplier)：不为空产生 T 值，否则抛出异常。

(4) void ifPresent(Consumer<? Super T> consumer)：如果不为空，则将 T 值传递给 consumer。Consumer 是一个函数接口，接受一个引元，无返回类型。

(5) <U> Optional<U> map(Function<? super T, ? extends U> mapper)：如果不为空，则将 T 值传递给 mapper，并且产生一个 mapper 返回值的 Optional。如果为空，则产生一个空 Optional。这个方法是为了补充 ifPresent 方法，因为 ifPresent 只是将 T 值传递给处理方法，但并不能返回处理方法的返回值。其中的 Function 是一个函数接口，接受一个 T 类型或者 T 类型超类的参数，返回一个 U 类型或者 U 类型的子类型。

下边展示了这些方法的应用：

```
result = optionalString.orElseGet(()->Locale.getDefault().getLanguage());
result = optionalString.orElseThrow(IllegalStateException::new);
optionalString.ifPresent((x)->System.out.println(x));
List<String> resultList = new ArrayList<String>();
Optional<Boolean> isOK = optionalString.map((x)->resultList.add(x));
```

2. 创建 Optional 值

上小节讲述如何使用一个方法返回 Optional 值，本小节讲述如何返回 Optional 类型。要返回 Optional 类型可以使用 Optional 的 of、empty 或者 ofNullable 方法。

(1) static <T> Optional<T> of(T value) ：如果 value 不为空则产生一个包含 value 的 Optional<T>对象，否则产生 NullPointerException 对象。

(2) static <T> Optional<T> ofNullable (T value) ：如果 value 不为空则产生一个包含 value 的 Optional<T>对象，否则产生一个空的 Optional 对象。

(3) < static <T> Optional<T> empty (T value) ：产生一个空的 Optional 对象。

下边展示一个方法如何返回 Optional 类型：

```
public static Optional<Double> sqrt(Integer numer){
    return numer < 0 ? Optional.empty(): Optional.of(Math.sqrt(numer));
}
```

3. 用 flatMap 构建 Optional 值的函数

flatMap 可以用来创建组合的 Optional 函数调用，比如有一个函数 Optinal<T> f()，而类型 T 中有一个方法 g，g 的原型是 Optional<U> g()。如果直接采用 f().g()方式调用将会出错，因为调用的是 Optional。在这种情况下，一般的做法需要先获取 f 的 Optional<T>，然后调用 Optional 的 get 系列方法获取 T，再调用 T 的 g 方法。现在有了另外一种选择，就是使用 flatMap 直接进行调用，而且处理掉 Optional 包装类型为空的情况，调用方法如下：

```
s.f().flatMap(T::g());
```

假设 f 的返回值不为空，则将其应用到 g，否则返回一个空的 Optional。

10.6.3　reduce

reduce 是一种更高级的约简方法，reduce 有三种形式，其最简单形式是接收一个二元函数，并从流中的前两个元素开始持续应用。reduce 是 Stream<T>接口中的方法，下面先看 reduce 方法的三种原型：

- Optional<T> reduce(BinaryOperator<T> accumulator);
- T reduce(T identity, BinaryOperator<T> accumulator);
- <U> U reduce(U identity, BiFunction<U, ? super T, U> accumulator, BinaryOperator<U> combiner);

首先需要了解 reduce 中参数类型的定义，参数中都需要 BinaryOperator 类型的累加器。从 JDK 源码中，我们看到该累加器接口定义如下：

```
public interface BinaryOperator<T> extends BiFunction<T,T,T>
```

该接口体内没有定义抽象方法，因此需要继续查看 BiFunction 定义：

```
public interface BiFunction<T, U, R> {
    R apply(T t, U u);
    …
}
```

在 BiFunction 中定义了一个抽象方法 apply，表示该函数接口接受两个参数，类型分别是 T 和 U，返回 R 类型。再反过来看 BinaryOperator，就可以知道，BinaryOperator 相当于是一个接口 T apply(T t1, T t2)。

reduce 允许通过自定义的累加器函数对流中的元素进行累加，在举例说明之前，我们先介绍幺元的概念。假设有某种运算操作记做 op，如果存在一个幺元 e，则一定满足 e op x = x 这个等式。对于加法操作来说，0 就是加法操作的幺元，对于乘法来说，1 就是乘法操作的幺元。

在 reduce 后两种形式中第一个参数就是幺元，当流为空时，会返回幺元的值，这个在大数据累加统计时就会显得非常有用。另外就是带有幺元的 reduce 函数会将幺元作为第一个运算元素参与到运算中。

下边先用一个简单的累加来说明前两种形式的应用：

```
Optional<BigInteger>sum=Stream.iterate(BigInteger.ONE, n->n.add(BigInteger.ONE)).limit(100).
reduce((x1, x2)->x1.add(x2));
```

上述代码用 reduce 的第一种形式，计算了 1 到 100 的和，返回 Optiona< BigInteger >l 类型。

```
BigIntegersum=Stream.iterate(BigInteger.ONE,n->n.add(BigInteger.ONE)).limit(100).
reduce(BigInteger.ZERO, (x1, x2)->x1.add(x2));
```

上边这行代码用 reduce 第二种形式，需要一个幺元参数，返回 BigInteger 类型。

如果需要计算一个字符串流中所有字符串长度的累加和，那么上述的两种形式就没有办法使用，因为字符串长度类型是 Number 类型，而流中的类型是字符串类型，这时就需要使用第三种形式。第三种形式的第一个参数是一个幺元；第二个参数是一个 BiFunction 函数接口的累加器函数，接受两个参数，一个类型是 U，一个是 T 或者 T 的超类型，返回 U 类型；第三个参数是一个 BinaryOperator 的结合器，最终返回 U 类型。由于这种类型的 reduce 计算会进行并行化计算，所以第三个参数结合器会将所有计算的结果累加起来。

```
Integer wordsSum = Stream.of("Alice","Tom","John").reduce(0,(total,word)->total+ word.length(),
(total1, total2)->total1 + total2);
```

上边的示例仅仅是为了演示 reduce 的用法，如果需要计算一个字符串流的总长度，可以将字符串流映射为字符串长度的数字流，比如：

```
Stream.of("Alice", "Tom", "John").mapToInt(String::length).sum());
```

10.7 结果收集

当一个流被处理完成后，我们需要查看结果或者将其收集注入数组或者集合中。流的结果查看可以直接使用 forEach 进行迭代，比如：

```
Stream.of("Alice","Tom","John").mapToInt(String::length).forEach((x)->System.out.println(x));
```

1. 收集到数组

通过调用流的 toArray 就可以将流中的元素收集到数组中，比如：

```
String[] result1 = Stream.of("Alice", "Tom", "John").toArray(String[]::new);
int[] result2 = Stream.of("Alice", "Tom", "John").mapToInt(String::length).toArray();
```

2. 收集到列表、集

通过调用 collect 方法可以将结果收集到 List、Set 等，collect 方法接受 Collector 接口实例，而 Collectors 类则提供了大量的收集器方法，常用的有 toList、toSet 等，其他的更多方法请参考 JDK 文档。

```
List<String> resultList =
        Stream.of("Alice", "Tom", "John").collect(Collectors.toList());
Set<String> resultSet =
        Stream.of("Alice", "Tom", "John").collect(Collectors.toSet());
```

Collectors 还有一个比较常用的 joining 方法，使用这个方法可以将流中的字符串拼接起来，也可以使用指定的字符进行拼接，比如：

```
String resultSet =
        Stream.of("Alice", "Tom", "John").collect(Collectors.joining("-"));
```

将会输出“Alice-Tom-John”。

最后，Collectors 类还提供了 summarizing 系列方法(针对不同的数字类型 int、double 等)对流中的数据进行汇总统计，从而得出一些统计特性值，比如和、平均值、最大值、最小值等，详情请参考 JDK 文档。

3. 收集到 Map

使用 Collectors 类的 toMap 方法可以将数据收集到 Map 中，toMap 常用的形式需要三个参数，前两个参数分别提供 Map 中键值对的获取方法，第三个参数指出如果键值发生冲突时的处理方法。如果不使用第三个参数，当出现键值重复时，将会报一个异常，下边的例子中提供了冲突后的处理方法，保留之前的值，如下所示：

```
Map<Integer,String>map=Stream.of("Alice", "Tom", "John", "Maria").collect(Collectors.toMap((x)->
x.length(), Function.identity(), (oldVal, newVal)->oldVal) );
```

Map 的输出结果是：

```
{3=Tom, 4=John, 5=Alice}
```

上边的例子中，toMap 的第一个参数获取元素的长度，第二参数获取元素本身，可以调用 Function.identity()，也可以直接写成(x)->x 的形式，第三个参数表明如何处理键值冲突。

第 11 章　注　　解

11.1　概　　述

在 Java 项目中经常会看到以“@”开头的表达式，这就是注解的表示形式。在文档注释“/** */”中也会包含以“@”开头的部分，但这个不是注解，仅仅是用来作为注释。注解是代码的一部分，而注释不是。将注解单独放在一章中介绍足以说明注解的重要性。最初的 Java 编程中，注解并不太被重视，随着 Spring MVC 以及 Spring Boot 等诸多 Web 框架的流行，使得注解式编程被广泛采用。如果不明白注解的原理以及常用注解的意义，对于 Java Web 编程来说无疑会增加不少困难。

注解本身并不会做什么具体工作，注解的所有奥秘是注解背后的处理。通过反射可以找出加在类、方法、域、参数等上的注解，这样就可以通过解析这些注解，知道需要对这些类、方法等做什么具体工作，这也就是注解式编程。注解式编程有很多优点，比如说大幅简化繁琐重复的工作、屏蔽一些具体的复杂实现；通过注解，框架就可以自动帮助应用程序实现很多烦琐的后台工作，而让应用只专注于业务逻辑本身。在 Spring Boot 框架中，诸如 DJ(依赖注入)、AOP(面向切面)等功能都是通过注解来完成。

举个简单例子，可能经常需要将 properties 文件中的属性值赋值到某个类的字段中，在 Spring Boot 框架中，只需要简单使用@Value 注解就可以完成，比如在某个类中，有如下语句：

```
@Value("${mail.username}")
private String userName;
```

这样，当这个类被 Spring Boot 实例化时，Spring Boot 就会在给定的属性文件中查找 mail.username，并将值 set 到 userName 中。

11.2　注解的定义及使用

定义一个注解和定义一个接口有些类似，需要在 interface 关键字前加上“@”符号。注解接口中可以定义方法，而这些方法对应于注解被使用时括号中的元素及其取值。注解的接口不需要去实现。

```
public @interface myAnnotation {
    String value() default "My annotation test";
    String user();
}
```

上边定义了一个叫“myAnnotation”的注解，这个注解定义了两个方法，一个是带有默认返回值的 value 方法，一个是没有默认返回值的 user 方法。现在将这个注解应用于某个类上，比如：

```
@myAnnotation(value = "Another test", user = "admin")
public class TestAnnotation {

}
```

在注解定义的方法中，如果有 default 给出的默认值，则在注解使用中，可以不用给该元素赋值，如果没有 default 取值，则注解使用时必须给出元素的值，否则会报错。通过上边定义可以看出，注解定义中的方法名就是注解使用中括号中的元素名。如果一个注解只有一个方法，则在注解的使用中可以不需要元素名，直接给出元素值即可，比如：

```
public @interface myAnnotation2 {
    String value() default "My annotation test";
}
```

那么使用@myAnnotation2(value = "test2")和@myAnnotation2("test2")的效果是一样的。

对于上述注解现在还有两个问题需要回答，第一个是这个注解可以用在什么地方，第二个是这个注解到底起什么作用。在接下来的两个小节中我们将解答这两个问题。

11.3 标 准 注 解

注解几乎可以出现在任何地方，包括包、类、接口、方法、构造器、实例域、局部变量、参数变量、类型参数等。如果一个注解在定义时没有限定该注解的使用场景，则默认可以使用在注解允许出现的任何地方。可以通过 Target 标准注解来限定一个注解的使用场景。

Java 库中定义了多个标准注解，包括了五个元注解，这些注解可能因为 Java 版本的不同而有所不同，表 11-1 列出 Java 8 中的标准注解，并对一些重要注解进行详细的解释。

表 11-1　Java 8 标准注解

注解接口	应用场景	作　用
Deprecated	全部	将该项标记为过时。在某个方法上使用这个注解后，我们在 Eclipse 中会看到该方法及调用该方法的地方，方法名字会被画一条线。表示该方法尽管可以使用，但已经过时，不建议使用
SuppressWarnings	除了包和注解之外	阻止某个给定类型的警告信息
SafeVarargs	方法和构造器	判定 varargs 参数可安全使用
Override	方法	检查该方法是否为覆盖超类或者接口的方法
FunctionalInterface	接口	将接口标记为只有一个抽象方法的函数式接口
PostConstruct	方法	在对象构造之后，被标记的方法应该立即执行
PreDestroy	方法	在对象销毁前，被标记的方法被执行
Resource	类、接口、方法、域	在类或者接口上，标记为其他地方要用到的资源。在方法和域上表示要注入

续表

注解接口	应用场景	作　用
Resuorecs	类、接口	标记为资源数组
Generated	全部	表示该部分是由工具自动导出
Target	注解	指明注解可应用的场景
Retention	注解	指明注解的生命周期
Documented	注解	指明这个注解应该包含在注解项的文档中
Inherited	注解	指明该注解能够被应用该注解的类的子类继承
Repeatable	注解	指明该注解可以在同一个项上应用多次

11.3.1　元注解

元注解只能用于注解的定义上，限定或指明注解的属性，元注解有五个。

1. Target

Target 注解限定该注解可使用的场景。Target 注解中只定义了一个方法 value()，该方法的返回值是一个 ElementType[]数组，没有默认值，因此使用 Target 注解时，可以不写元素名，直接给出值即可，由于取值是一个数组，所以需要使用“{}”将取值包括进来，每个值之间使用“,”分隔。如：

```
@Target({ElementType.TYPE,ElementType.METHOD})
public @interface myAnnotation {
        String value() default “My annotation test”;
        String user();
}
```

这样，我们定义的 myAnnotation 注解就只能用于类/接口和方法之上。Target 注解元素取值来自 ElementType 枚举类，如表 11-2 所示。

表 11-2　Target 注解元素

注解元素	说明
TYPE	类、接口
FIELD	域
METHOD	方法
PARAMETER	方法或构造器参数
CONSTRUCTOR	构造器
LOCAL_VARIABLE	局部变量
ANNOTATION_TYPE	注解
PACKAGE	包
TYPE_PARAMETER	类型参数
TYPE_USE	类型

2. Retention

Retention 注解用来指明一个注解的生命周期。Retention 注解元素的取值来自 RetentionPolicy 枚举类，分别是 SOURCE、CLASS 和 RUNTIME。

SOURCE：表示该注解将会被编译器丢弃，也就是说编译后的类文件中将不会有该注解。

CLASS：表示该注解会被编译器加入到编译后的类文件中，但不会被加载到 JVM 中。

RUNTIME：表示该注解将会被加载到 JVM 中。因此，如果自己定义一个注解，并且想通过反射将注解找出来做一些工作的话，那么注解的定义中应该增加 Retention 注解，并将其值取为 RetentionPolicy.RUNTIME。

3. Documented

Documented 注解用于为注解进行归档，当某个注解使用 Documented 注解后，则使用该注解的类在使用 Javadoc 归档后，就会显示该条注解。

4. Inherited

当某个注解使用了 Inherited 注解，那么使用这个注解的类的子类将会继承该类上的这个注解，比如：

```
@Target({ElementType.TYPE})
@Inherited
public @interface myAnnotation {
    String value() default "My annotation test";
}
@myAnnotation(value = "Another test")
public class TestAnnotation {}

public class TestInherit extends TestAnnotation{}
```

TestInherit 类继承了 TestAnnotation 类，尽管自身并没有 myAnnotation 注解，但该注解使用了 Inherited 注解，所以就自动继承了 myAnnotation 注解。

5. Repeatable

Repeatable 表示该注解可以重复用于某一项。要使用 Repeatable 注解，需要提供一个重复容器注解，将重复的注解放入到一个数组中。比如：

```
@Target({ElementType.TYPE})
public @interface myAnnotations {
    myAnnotation[]   value();
}

@Target({ElementType.TYPE})
@Repeatable(myAnnotations.class)
public @interface myAnnotation {
    String value() default "My annotation test";
}
```

myAnnotations 注解为 myAnnotation 提供了一个重复容器，这样当多个 myAnnotation 注解重复用于某一项时，这些注解将会自动保存在 myAnnotations 注解中。在后边的小节中将要讲述，如果要得到类或者方法上的注解时，一般需要通过调用 getAnnotation 方法来获取，如果是允许重复的注解并且确认重复使用了，则使用该方法将会得到 null，这时需要使用 getAnnotationsByType 来遍历容器获取。

11.3.2　PostConstruct 和 Resource

这两个注解通常用于 Web 框架编程环境。PostConstruct 注解用于方法之上，表示当拥有该方法的类被构造后执行该方法。这个注解在 Spring Boot 框架编程中比较常用。比如说，在某个类中可能需要进行一些初始化动作，就可以使用该注解。可能有人会问，初始化动作不是可以放在构造器中么？这个不完全正确，构造器中只能进行一些简单的初始化动作，而且有些初始化动作在构造器中是没有办法完成的。比如说初始化的时候需要从数据库中读取一些数据，这时应该在类成员中注入相关操作数据库对象，比如数据源等等。因为构造器在构造对象的时候，类中的域还没有被注入实际值，所以在构造器中读取数据库肯定会出错。因此我们应该独立编写一个 init 方法，在该方法上加上 PostConstruct 注解，此时当类对象被构造，并且类对象的成员都被注入后，就会调用该 init 方法，从而完成初始化动作。

Resource 注解用于类和接口上时没有特殊含义，表示一个资源。当 Resource 用于域或者方法时，表示要“注入”的对象，和 Sprint Boot 中的 Autowired 注解作用相同，两者在实际注入过程中有一些细小的差别。

11.4　注解式编程

一个自定义注解本身什么都不会做，要让一个注解起作用，关键在于如何处理注解。现在让我们回到本章开始所举的例子，Spring Boot 中的 Value 注解，这个注解如何将属性文件中的值注入到类的域中呢？其中的原理也不难，首先 Spring Boot 框架扫描需要实例化的类文件，根据类名字符串通过反射生成类实例；然后根据反射找出该类中的域，调用域对象的 getAnnotation 方法获取 Value 注解；再获取 Value 注解中元素的值，而这个值就是属性文件中的键；最后通过反射找到该域的 set 方法，调用该方法将属性文件中对应于 Value 注解元素的键的值赋给该域，从而完成整个注入的过程。

下边使用一个自定义 myValue 注解来模拟注入过程。

```
package com.hayee;

import java.lang.annotation.Retention;
import java.lang.annotation.RetentionPolicy;

@Retention(RetentionPolicy.RUNTIME)
public @interface myValue {
```

```
    String value();
}
```

上述代码中定义了 myValue 注解，并且让该注解加载到 JVM 中，否则不能用反射找出来。

```
package com.hayee;

import java.lang.reflect.Field;
import java.lang.reflect.Method;

public class TestAnnotation {
    @myValue("mailName")

    private String userName;
    public String getUserName() {
        return userName;
    }
    public void setUserName(String userName) {
        this.userName = userName;
    }
    public void injection(){
        Class<?> clazz;
        try {
            //通过反射实例化一个 TestAnnotation 对象
            clazz = Class.forName("com.hayee.TestAnnotation");
            TestAnnotation testAnnotation = (TestAnnotation)clazz.newInstance();
            //通过反射找出 TestAnnotation 所有域
            Field[] fields = testAnnotation.getClass().getDeclaredFields();
            for (Field f : fields){
                //遍历所有域，找出 myValue 注解
                myValue my = f.getAnnotation(myValue.class);
                if (my != null){
                    /*  找到注解，取出注解元素取值，key = mailName,在这里我们
                    略去从配置文件 mailName 中的取值，假设值为 basten@hayee.com*/
                    String key = my.value();
                    String mailName = “basten@hayee.com”;
                    //获取域名字符串，构造更改器方法名，set+域名首字母大写
                    String name = f.getName();
                    StringBuilder sb = new StringBuilder();
                    sb.append(Character.toUpperCase(name.charAt(0)));
```

```
                sb.append(name.substring(1));
                String setMethod = "set" + sb.toString();
                //获取域 set 方法
                Method method =
                testAnnotation.getClass().getMethod(setMethod, String.class);
                //调用域 set 方法注入
                method.invoke(testAnnotation, mailName);
                System.out.println(testAnnotation.userName);
            }
        }
    } catch (Exception e) {
        // TODO Auto-generated catch block
        e.printStackTrace();
    }
  }
  public static void main(String[] args) {
    TestAnnotation t = new TestAnnotation();
    t.injection();
  }
}
```

第12章 反射与代理

12.1 概 述

反射和代理属于Java中的高级技术，其功能非常强大，尤其是动态代理技术。反射通常用于动态创建一个类实例；代理通常用于接口，动态创建给定接口的类实例。反射和代理大量应用于平台框架的构建。如果需要构造一个比较好的框架，包括平台框架和业务框架，那么就很有必要学习反射和代理；如果仅仅只是做一些并不太复杂的业务，本章所涉及的内容可以先跳过。

12.2 反 射

反射主要用于动态创建一个类对象，分析类中的域、方法和构造器，甚至可以通过反射访问类中的私有域或者方法。

12.2.1 Class类

Java 在运行期间为每一个类对象实例保存其类信息。保存这些信息的类就叫 Class，可以通过 getClass 方法获取。如：

```
package com.hayee;

public class Person {
    private String name;
    private Integer age;
    private Integer sex; //1: male, 2: female
    private String favorite;

    public Person(){ }
    public Person(String name, Integer age, Integer sex, String favorite){

        this.name = name;
        this.age = age;
        this.sex = sex;
```

```
        this.favorite = favorite;
    }
    public Person(String name, Integer age, Integer sex){
        this.name = name;
        this.age = age;
        this.sex = sex;
        this.favorite = "Nothing";
    }
    public void sayHello(){
        System.out.println("Hello, I am a person. My name is " + name);
    }

    private void sayGoodBye(){
        System.out.println("I hate u, " + name + "!");
    }
    public Integer getAge() {
        return age;
    }
    public void setAge(Integer age) {
        this.age = age;
    }
    public Integer getSex() {
        return sex;
    }
    public void setSex(Integer sex) {
        this.sex = sex;
    }
    public String getFavorite() {
        return favorite;
    }
    public void setFavorite(String favorite) {
        this.favorite = favorite;
    }
    public String getName() {
        return name;
    }
}
public class TestReflection1{
```

```
    public static void main(String[] args) {
        Person person = new Person();
        System.out.println(person.getClass());
        System.out.println(person.getClass().getName());
        System.out.println(person.getName());
    }
}
```

由于 Class 实现了 toString，所以打印输出 Class 时会输出类名并且在类名前加上 Class 或者 Interface 等关键字。getName 用于输出类名的字符串，上面的程序输出如下：

```
class com.hayee.Person
com.hayee.Person
null
```

反射通常用于平台框架类的程序。比如，我们经常会在 Spring、MyBatis 等框架中看到非常多的 xml 配置文件，这些配置文件中就有很多类名的描述，其实这些框架就是通过反射将这些配置文件中的类名实例化为类对象的。

12.2.2 使用反射创建类对象

Class 对象有一个 newInstance 方法，可以创建该 Class 所指向的类的实例。另外，Class 还有一个静态方法 forName，可以根据字符串类名产生该类名的 Class 对象。这两句话有两个含义：第一，运行时可以根据类对象创建一个该类的新实例对象；第二，可以根据字符串类名创建类对象实例。

```
public class TestReflection2{
    public static void main(String[] args) {
        try {
            Class<?> clazz = Class.forName("com.hayee.Person");
            Person person = (Person)clazz.newInstance();
            System.out.println("Person = " + person);
            System.out.println(person.getName());
        } catch (ClassNotFoundException e)
        {
            // TODO Auto-generated catch block
            e.printStackTrace();
        }catch (InstantiationException | IllegalAccessException e) {
            // TODO Auto-generated catch block
            e.printStackTrace();
        }
    }
}
```

输出如下：

```
Person = com.hayee.Person@1db9742
null
```

12.2.3　使用反射创建类对象及方法调用

在使用 newInstance 创建类实例时，系统会调用默认的构造器。也就是说，如果想要调用有参的构造器，这个方法是行不通的。此时需要使用反射的类分析功能找出类的构造器，再进行创建。

反射库提供了非常多获取类的相关信息的 API，比如获取类的超类、方法的返回值、修饰符等，读者可以参考 JDK 的帮助文档来了解这些 API。在这里主要讲述获取类的域、方法以及构造器的两个系列的六个方法。两个系列的区别在于：一个系列获取所有公有的域、方法和构造器；另一个系列则获取所有私有的域、方法和构造器。

```
Field[] getFields()  //获取所有公有域
Method[] getMethods() //获取所有公有方法
Constructor[] getConstructors //获取所有公有构造器
```

对应地获取所有包括私有的域、方法和构造器的方法名称就是在如上方法的名称的 get 后加上“Declared”，即

```
Field[] getDeclaredFields()  //获取所有域
Method[] getDeclaredMethods() //获取所有方法
Constructor[] getDeclaredConstructors //获取所有构造器
```

在这里获取的域、方法和构造器包括了其超类的域、方法。

通过将获取的域、方法和构造器的指针设置(setAccessible)为 true 就可以访问类的私有域、方法或者构造器。

```
import java.lang.reflect.Constructor;
import java.lang.reflect.Method;

public class TestReflection3 {
    public static void main(String[] args) {
        try {
            Class<?> clazz = Class.forName("com.hayee.Person");
            Constructor<?>[] constructors = clazz.getConstructors();
            for (Constructor<?> c : constructors) {
                if (c.getParameters().length == 4) {
                    Person person = (Person) c.newInstance("Tom", 12, 1, "Playing
                    football");
                    Method method =
                    person.getClass().getDeclaredMethod("sayGoodBye");
                    method.setAccessible(true);
```

```
                method.invoke(person);
            }
        }
    } catch (Exception e) {
        // TODO Auto-generated catch block
        e.printStackTrace();
    }
  }
}
```

上述程序中，首先创建了一个 Class 对象 clazz；然后反射出 Person 的所有构造器，如果构造器参数是 4 个，则使用该构造器构造一个 Person 对象 person；再用 person 的 Class 反射出 sayGoodBye 方法，并设置访问属性为 true，从而访问到了对象 person 的私有方法 sayGoodBye。上述程序的输出如下：

```
I hate u, Tom!
```

12.3 代　理

反射可以动态创建一个类，但如果要动态创建某些实现了一组给定接口的类，则不能直接使用反射，因为接口不能被实例化，使用代理则可以实现这样的需求。也就是说，代理主要解决接口实现时编译无法预测的这类问题。

要使用代理，只需要两个步骤：第一步，实现 InvocationHandler 接口，该接口中只有一个方法 invoke；第二步，构造代理类，通过代理类调用实现接口的类的方法。

1. 简单例子

```
public interface HelloProxy {
    public void helloProxy(String name);
}
public class HelloKity implements HelloProxy {
    @Override
    public void helloProxy(String name) {
        // TODO Auto-generated method stub
        System.out.println("I am " + name + " and realized HelloProxy.");
    }
}
import java.lang.reflect.InvocationHandler;
import java.lang.reflect.Method;
import java.lang.reflect.Proxy;

public class HelloProxyHandler implements InvocationHandler {
```

```
        private HelloProxy hello;
        public HelloProxyHandler(HelloProxy hello){
            this.hello = hello;
        }
        @Override
        public Object invoke(Object proxy, Method method, Object[] args) throws Throwable {
            // TODO Auto-generated method stub
            System.out.println("Call interface method before");
            method.invoke(hello, args);
            System.out.println("Call interface method after");
            return null;
        }
        public static void main(String[] args) {
            HelloProxy proxy = (HelloProxy)Proxy.newProxyInstance(
            HelloProxy.class.getClassLoader(),
            new Class[] {HelloProxy.class},
            new HelloProxyHandler(new HelloKity()));
            proxy.helloProxy("kity");
        }
    }
```

上面程序中，首先定义了一个接口 HelloProxy，HelloKity 类实现了 HelloProxy 接口。程序定义了 HelloProxyHandler 类，实现了 InvocationHandler 接口。最后在测试中使用代理时，使用 Proxy 的静态方法 newProxyInstance 构造了一个代理类 proxy，然后使用 proxy 调用 helloProxy 方法。

InvocationHandler 的 invoke 方法有三个参数，分别是代理对象、代理方法和方法参数。任何时候调用代理所代理的方法时，invoke 都会被调用，这里可以在实际接口实现方法调用前后做一些工作，这就是所谓的面向切面的编程(AOP)。

newProxyInstance 方法也有三个参数：第一个参数是类加载器，如果为 null，则为默认类加载器；第二个参数是需要给代理类绑定的接口；第三个参数是实现了 InvocationHandler 接口的类对象。

上面程序的输出如下：

```
Call interface method before
I am kityand realized HelloProxy.
Call interface method after
```

2. 复杂例子

下面通过一个稍微复杂的例子来说明代理的应用。这个例子讲解了注解编程的奥秘。

在 Spring Boot 框架中，通过@Value 注解就可以将属性文件中对应的值注入域。通过下边的例子就能看清楚这个过程。

```
import java.lang.annotation.Documented;
import java.lang.annotation.ElementType;
import java.lang.annotation.Retention;
import java.lang.annotation.RetentionPolicy;
import java.lang.annotation.Target;

@Target({ElementType.METHOD})
@Retention(RetentionPolicy.RUNTIME)
@Documented
public @interface Value {
    String value();
}
public interface Config {
    @Value("db.ip")
    String dbIp();
    @Value("db.port")
    String dbPort();
    @Value("db.user")
    String dbUserName();
    @Value("db.password")
    String dbPassWord();
    @Value("db.maxconn")
    int dbMaxConn();
}
import java.io.FileInputStream;
import java.io.IOException;
import java.lang.reflect.InvocationHandler;
import java.lang.reflect.Method;
import java.lang.reflect.Proxy;
import java.util.Properties;

public class PropertyMapperHandler implements InvocationHandler {
    private Properties properties;
    public PropertyMapperHandler(Properties properties) {
        this.properties = properties;
    }

    @Override
    public Object invoke(Object proxy, Method method, Object[] args) throws Throwable {
        // TODO Auto-generated method stub
```

```
            Value value = method.getAnnotation(Value.class);
            if (value == null) {
                return null;
            }
            String property = properties.getProperty(value.value());
            if (property == null) {
                return null;
            }
            Class<?> returns = method.getReturnType();
            if (returns.isPrimitive()) {
                if (returns.equals(int.class))
                    return (Integer.valueOf(property));
                else if (returns.equals(long.class))
                    return (Long.valueOf(property));
                else if (returns.equals(double.class))
                    return (Double.valueOf(property));
                else if (returns.equals(float.class))
                    return (Float.valueOf(property));
                else if (returns.equals(boolean.class))
                    return (Boolean.valueOf(property));
            }
            return property;
        }

        public static void main(String[] args) throws IOException {
            Properties properties = new Properties();
            FileInputStream is = new FileInputStream("config/config.properties");
            properties.load(is);
            Config proxy = (Config) Proxy.newProxyInstance(
                            Config.class.getClassLoader(),
                            new Class[] { Config.class },
                            new PropertyMapperHandler(properties));
            System.out.println(proxy.dbIp());
            System.out.println(proxy.dbPort());
            System.out.println(proxy.dbUserName());
            System.out.println(proxy.dbPassWord());
            System.out.println(proxy.dbMaxConn());
        }
    }
```

上述程序中，首先定义了一个 Value 注解接口；其次定义了一个 Config 接口，接口中使用了@Value 注解，注解的参数是属性文件中的键值；最后定义了 PropertyMapperHandler，实现了 InvocationHandler 接口，通过 invoke 方法从属性文件中返回属性值。由上述程序可以看出，并没有类真正去实现 Config 接口，但是通过代理，就可以借助 Config 接口从属性文件中获取需要的属性值。invoke 方法中的 method.getAnnotation 获取 method 方法上注解的值，即 Value 注解括号中的值。

在当前工程路径下建立一个 config 目录，并建立一个 config.properties 文件，文件中输入如下内容：

```
db.ip=192.168.0.1
db.port=3306
db.user=shiminhua
db.password=Idontknow
db.maxconn=128
```

运行这个程序，输出如下：

```
192.168.0.1
3306
shiminhua
Idontknow
128
```

第 13 章　MyBatis

13.1　MyBatis 概述

13.1.1　Java 数据库编程

数据库操作对任何一种编程语言来说都是非常重要的，对于 Java 来说，访问数据库的主流方法有三种，分别是 JDBC 方式、JPA/Hibernate 方式以及 MyBatis 方式。

JDBC 方式在前边章节中已经做过简单介绍，JDBC 方式最主要的问题是 SQL 语句与 Java 代码的紧耦合，不利于协作开发，另外这种紧耦合的代码可读性也不高。

JPA(Java Persistence API)是 Java EE 5.0 平台标准的 ORM(Object Relational Mapping)规范，通过对象映射完成持久化操作。大名鼎鼎的 Hibernate 就是实现了 JPA 规范的一种 ORM 框架，Hibernate 通过 ORM 使得对数据库的操作变得非常简单，不需要编写 SQL 语句，几乎达到了全自动方式，而且学习起来也非常的容易。

既然 Hibernate 这么好，为什么还要用 MyBatis？原因是虽然 Hibernate 非常出色，但还是存在两个比较大的问题。第一，Hibernate 是基于全映射的全自动框架，大量字段的 POJO(Plain Ordinary Java Object，普通 Java 对象)进行部分映射时比较困难，可能导致数据库性能急剧下降；第二，当面对比较长的、复杂的 SQL 时不太容易处理。另外，由于 SQL 语句都是自动产生，所以优化起来存在一定的困难。当然这些问题可以通过 Hibernate 提供的 HQL(Hibernate Query Language)解决，但这无疑又增加了额外的学习支出，而且学习 HQL 并不是一件非常容易的事情。

MyBatis 则解决了 Hibernate 存在的问题，提供接口式编程，通过 SQL 语句的映射方式分离了 SQL 语句和 Java 代码，使得数据库专业人员专注于 SQL 语句，Java 开发人员专注于业务逻辑。当然 MyBatis 方式也有缺点，比如说当开发一些简单项目时，开发人员既要编写 Java 代码还要编写 SQL 语句。但相比于 MyBatis 的优势，这些缺点可以忽略不计。

曾经有业内人士用洗衣服的例子来形容这三种方式：JDBC 就像纯手动方式，优点是可以处处精雕细琢，洗得很干净；但缺点也是显而易见，开发效率极其低下，对于编程人员的要求比较高。JPA/Hibernate 方式就像全自动方式，优点是高效，全程不需要人工参与；缺点是不容易优化，部分重污区可能洗得不干净。MyBatis 方式则像一种半自动方式，优点是效率高，重点区域可以手动参与、进行重点关注；缺点则是需要人工参与。

13.1.2　MyBatis 发展历史

MyBatis 原是 Apache 的一个开源项目 iBatis，2010 年 6 月这个项目由 Apache Software

Foundation 迁移到了 Google Code，随着开发团队转投 Google Code 旗下，iBatis3.x 正式更名为 MyBatis，代码于 2013 年 11 月迁移到 Github。iBatis 一词来源于"internet"和"abatis"的组合，是一个基于 Java 的持久层框架。iBatis 提供的持久层框架包括 SQL Maps 和 Data Access Objects(DAO)。

13.1.3　下载 MyBatis

打开 https://github.com/mybatis/mybatis-3 页面，在左下方找到 Download Latest 链接，点进去就可以下载 MyBatis 最新版本的 JAR 包及相关代码。另外点击 See the docs 链接，这里提供了中文版在线帮助文档，根据这个文档可以很轻易地学会使用 MyBatis。另外，如果下载了整个压缩包，该压缩包中还有一份名 mybatis-3.4.6.pdf 的英文 PDF 文档，该文档详细说明了 MyBatis 的配置和应用。最后，将下载的 JAR 包加入到工程中就可以了。

如果使用 Maven 来构建工程，只需要在 pom 中加入 MyBatis 依赖，让 Maven 在中心仓库自动下载即可，截至当前，MyBatis 的最新版本是 3.4.6，pom 配置如下：

```
<dependency>
    <groupId>org.mybatis</groupId>
    <artifactId>mybatis</artifactId>
    <version>3.4.6</version>
</dependency>
```

13.1.4　MyBatis 三要素

MyBatis 有三个要素，具备后，就可以很方便地使用 MyBatis。这三个要素分别是全局配置文件、Mapper 文件以及接口类。具备这三个要素后，在代码中首先加载全局配置文件，然后利用 MyBatis 的工厂方法创建一个 SqlSession 就可以使用了，使用过程也非常简单。在 Spring Boot 环境下，全局配置文件不再是必须的，也不需要手动创建 SqlSession，使用更为简单，后续章节将会讲述。下面举一个简单流程的例子，其中打开 Session 并调用 Mapper 接口我们将在后边详细讲述。

```
//加载全局配置文件
String resource = "org/mybatis/example/mybatis-config.xml";
InputStream inputStream = Resources.getResourceAsStream(resource);
SqlSessionFactory sqlSessionFactory =
    new SqlSessionFactoryBuilder().build(inputStream);
//打开一个 Session，并调用 Mapper 接口，进行数据库访问
SqlSession session = sqlSessionFactory.openSession();
try {
    BlogMapper mapper = session.getMapper(BlogMapper.class);
    Blog blog = mapper.selectBlog(101);
} finally {
```

```
    session.close();
}
```

13.2　MyBatis 全局配置文件

13.2.1　XML 文件的约束

通常会在一个 XML 文件最开始的地方对该 XML 文件进行约束，比如版本、字符编码方式等，还要约束该 XML 文件的语法，通常这种约束会放在 dtd 文件中。

IDE 开发环境中，编译器会指出 Java 代码的语法错误，并可以对输入进行提示和补全。但是由于 XML 文件是一种自定义的文件，因此在默认情况下，IDE 环境没有办法进行检查和补全提示。但是，有了 dtd 约束文件后，我们可以将该 dtd 文件加入到 IDE 中，这样就可以对 XML 文件进行错误检查以及补全提示(还记得 Eclipse 中的补全提示快捷键吗？是 Alt+ /)。下边，我们就讲述如何将 dtd 文件加入到 Eclipse 集成环境中。

打开 mybatis-3.4.6.pdf 文档，在第 2 章我们可以找到一个最简单的 MyBatis 的全局配置文件和 Mapper 映射文件示例，里边的具体内容先忽略。

全局配置文件示例：

```
<?xml version="1.0" encoding="UTF-8" ?>
<!DOCTYPE configuration
PUBLIC "-//mybatis.org//DTD Config 3.0//EN"
"http://mybatis.org/dtd/mybatis-3-config.dtd">
<configuration>
        <environments default="development">
                <environment id="development">
                <transactionManager type="JDBC"/>
                <dataSource type="POOLED">
                        <property name="driver" value="${driver}"/>
                        <property name="url" value="${url}"/>
                        <property name="username" value="${username}"/>
                        <property name="password" value="${password}"/>
                </dataSource>
                </environment>
        </environments>
        <mappers>
                <mapper resource="org/mybatis/example/BlogMapper.xml"/>
        </mappers>
</configuration>
```

Mapper 映射文件：

```
<?xml version="1.0" encoding="UTF-8" ?>
<!DOCTYPE mapper
PUBLIC "-//mybatis.org//DTD Mapper 3.0//EN"
"http://mybatis.org/dtd/mybatis-3-mapper.dtd">
<mapper namespace="org.mybatis.example.BlogMapper">
    <select id="selectBlog" resultType="Blog">
    select * from Blog where id = #{id}
    </select>
</mapper>
```

可以看到，这两个 XML 文件的约束文件分别是 mybatis – 3 - config.dtd 和 mybatis - 3 - mapper.dtd，接下来打开 MyBatis 的 JAR 包(JAR 文件可以利用解压缩工具，比如 Rar 打开，当然也可以用 jar 命令打开)，在 org\apache\ibatis\builder\xml 目录可以找到这两个文件，将这两个文件解压出来，放在本地磁盘，比如 D 盘根目录下。

点击 Eclipse 的 Window→Preferences，弹出窗口中，找到 XML→XML Catalog，如图 13-1 所示。

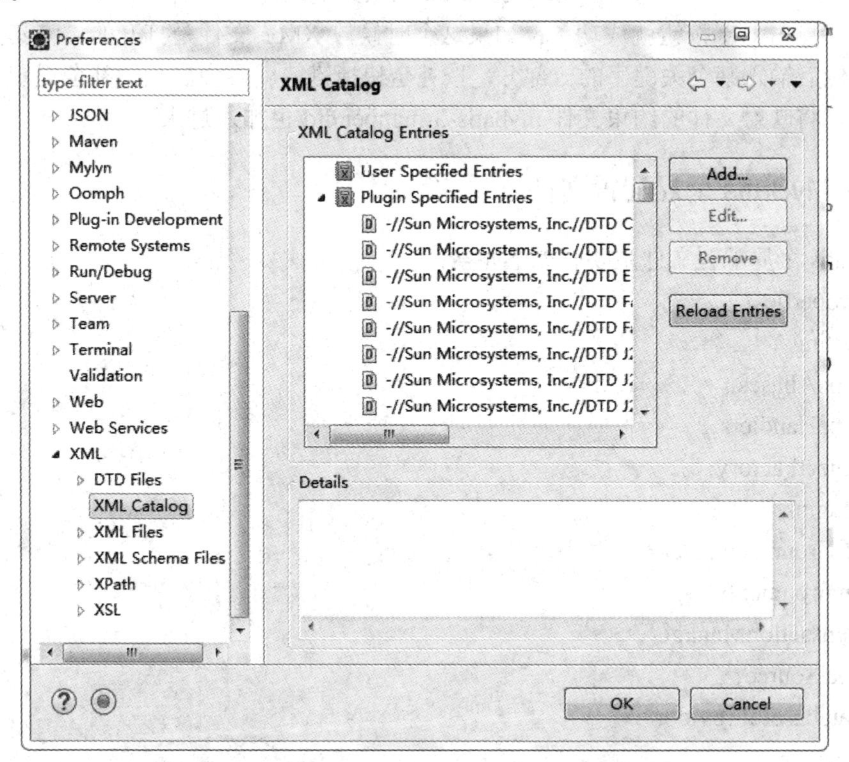

图 13-1　导入 XML 约束文件步骤(1)

点击 Add 按钮，在 Location 栏下方点击 File System，选择存放在 D 盘的 mybatis-3-config.dtd 文件 (Workspace 表示在工作目录中定位文件)，在 Key type 下拉框中选择 URI 选项，在 Key 输入栏中输入 xml 文件中约束文件的描述，比如该配置文件的约束文件描述是 http://mybatis.org/dtd/mybatis-3-config.dtd，如图 13-2 所示。

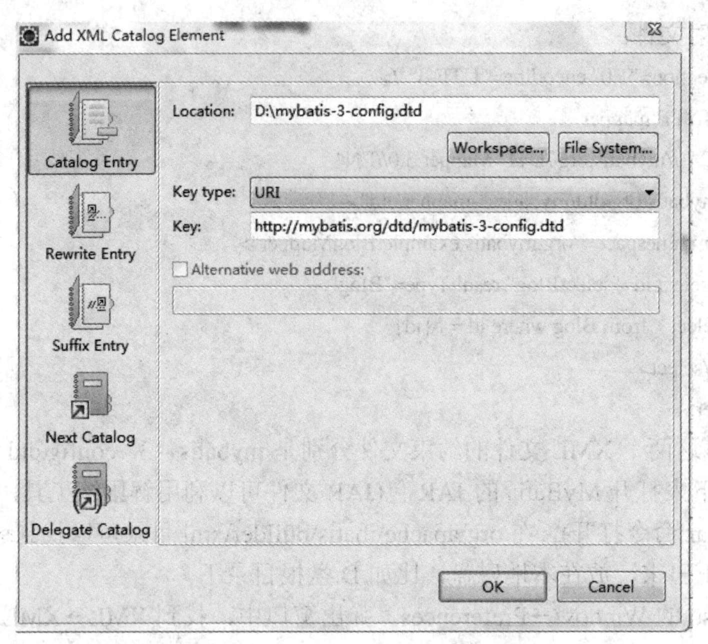

图 13-2　导入 XML 约束文件步骤(2)

然后，点击 OK 按钮就成功了，如果这个时候该 XML 文件是打开的，将其关闭再重新打开，然后输入某个关键字的一部分，按补全快捷键，就会弹出相关补全提示。按照同样的步骤，将映射文件的约束文件 mybatis-3-mapper.dtd 也加入进来。

13.2.2　MyBatis 全局配置文件

MyBatis 全局配置文件主要有如下元素：

- properties；
- settings；
- typeAliases；
- typeHandlers；
- objectFactory；
- plugins；
- environments；
- environment；
- transactionManager；
- dataSource；
- databaseIdProvider；
- mappers。

其中，最基本和重要的是 environment 和 mapper。

13.2.3　environment 和 mapper

environment 用来描述数据源，mapper 指出需要包括的映射文件。可以看出

environment 和 mapper 分别被包含在 environments 和 mappers 段中，表示可以有多个 environment 段和多个 mapper(这是 XML 中约定成俗的规则，当有多个重复段时，使用关键字复数形式)。

```
<environments default="development">
    <environment id="development">
    <transactionManager type="JDBC"/>
    <dataSource type="POOLED">
        <property name="driver" value="${driver}"/>
        <property name="url" value="${url}"/>
        <property name="username" value="${username}"/>
        <property name="password" value="${password}"/>
    </dataSource>
    </environment>
</environments>
```

Environments：表示可以有多个 environment，其中 default 指定默认 environment。比如，在开发和测试时需要使用不同的数据库环境，就可以配置两个 environment，一个叫 development，一个叫 test。开发时，将 default 值指定为 development，测试时将 default 指定为 test，这样就可以很方便地进行多环境切换。

environment：用于指定环境配置，必须包括 transactionManager 和 dataSource。其中的 id 表示该环境的唯一标识，用于 environments 中的 default 引用。

transactionManager：用来指定如何处理事务。取值有三种，分别是 JDBC、MANAGED 和自定义。JDBC，使用 JDBC 的提交和回滚设置，依赖于从数据源得到的连接来管理事务范围，使用的类是 JdbcTransactionFactory；MANAGED，提交或回滚一个连接、让容器来管理事务的整个生命周期(比如 JavaEE 应用服务器的上下文)，使用的类是 ManagedTransactionFactory；自定义，实现 TransactionFactory 接口，type=全类名/别名。

dataSource：用来指定数据源的属性，有四种类型：UNPOOLED、POOLED、JNDI 和自定义。UNPOOLED，不使用连接池，使用的类是 UnpooledDataSourceFactory；POOLED，使用 MyBatis 提供的连接池，使用的类是 PooledDataSourceFactory；JNDI，在 EJB 或应用服务器这类容器中查找指定的数据源；自定义，实现 DataSourceFactory 接口，定义数据源的获取方式。属性字段主要有 driver、url、username 和 password 字段，包括 driver 数据库的驱动类名、url 数据库连接串、username 数据库用户名、password 数据库密码。属性字段的值可以直接写在 value 后，也可以使用${}形式来引用外部的 properties 文件或者本 XML 文件类的属性字段，如果这样引用就需要在 XML 文件中使用 properties 属性来导入文件或者定义属性：

```
<properties resource="org/mybatis/example/config.properties">
    <property name="username" value="dev_user"/>
    <property name="password" value="F2Fa3!33TYyg"/>
</properties>
```

上边这段 XML 表示导入 org/mybatis/example/config.properties 文件，并且还定义了

username 和 password 属性。这样在本 XML 中就可以引用 config.properties 文件中的属性，也可以引用自定义的 username 和 password 属性。

mapper 用来指定映射文件，指定映射文件有四种方式，分别是 resource、url、class 和 package 方式。

resuorce：采用类路径的相对路径指定映射文件的位置，比如：

```
<!-- Using classpath relative resources -->
<mappers>
    <mapper resource="org/mybatis/builder/AuthorMapper.xml"/>
    <mapper resource="org/mybatis/builder/BlogMapper.xml"/>
    <mapper resource="org/mybatis/builder/PostMapper.xml"/>
</mappers>
```

url：使用绝对路径的形式指定映射文件的位置，但必须使用网络文件的指定格式，比如：

```
<!-- Using url fully qualified paths -->
<mappers>
    <mapper url="file:///var/mappers/AuthorMapper.xml"/>
    <mapper url="file:///var/mappers/BlogMapper.xml"/>
    <mapper url="file:///var/mappers/PostMapper.xml"/>
</mappers>
```

class：使用全类名。有两种用法，一种是将映射文件和映射的接口类放在同一个目录下，并且映射文件名必须和映射接口类文件同名，这种用法并不是 class 属性的初衷；另外一种用法就是，不需要映射文件，直接使用注解将 SQL 语句写在映射接口的方法之上，然后使用 class 来指定这个接口。一般来说，对于一些简单的 SQL，或者做简单测试时，这么做比较方便，但并不建议将 SQL 语句和代码混合在一起，不过还是有必要了解下 MyBatis 提供的这种用法，比如：

```
<!-- Using mapper interface classes -->
<mappers>
    <mapper class="org.mybatis.builder.AuthorMapper"/>
    <mapper class="org.mybatis.builder.BlogMapper"/>
    <mapper class="org.mybatis.builder.PostMapper"/>
</mappers>
```

package：说明所有的映射文件都在这个 package 下，这样指定，要求映射文件名和映射接口类必须同名，而且必须在同一个目录下，这样 MyBatis 就可以自动匹配映射文件和接口，比如：

```
<!-- Register all interfaces in a package as mappers -->
<mappers>
    <package name="org.mybatis.builder"/>
</mappers>
```

尽管 MyBatis 提供了四种映射文件的表示方式，但通常情况下，我们建议使用第一种方式，即 resource 方式。

13.2.4　typeAliases

typeAliases 用来为 Java 类型设置别名。在 MyBatis 映射文件中，经常需要使用全类名，一般都很长，这时使用 typeAliases 在配置文件中为这些全类名定义一个比较短的别名将便于引用。typeAliases 有三种引用方式：

第一种方式，为全类名设置别名，如下：

```
<typeAliases>
        <typeAlias alias="Author" type="domain.blog.Author"/>
        <typeAlias alias="Blog" type="domain.blog.Blog"/>
        <typeAlias alias="Comment" type="domain.blog.Comment"/>
        <typeAlias alias="Post" type="domain.blog.Post"/>
        <typeAlias alias="Section" type="domain.blog.Section"/>
        <typeAlias alias="Tag" type="domain.blog.Tag"/>
</typeAliases>
```

这样在 Mapper 文件中，以上这些全类名都可以使用短别名来引用，比如 domain.blog.Blog 可以直接使用 blog 来引用。

第二种方式，批量使用包名设置别名，如下：

```
<typeAliases>
        <package name="domain.blog"/>
</typeAliases>
```

这样 MyBatis 就会为 domain.blog 包及子包下所有的类取别名，别名就是类名，不区分大小写。如果该包的子包中存在同名类，则这种批量方法就会冲突出错，解决的办法就是为重名类使用@Alias 注解重新生成别名，也就是使用第三种方式取别名。

第三种方式，使用@Alias 注解设置别名，如下：

```
@Alias("author")
public class Author {
        ...
}
```

这样 Author 类的别名就是 author。

需要特别注意的是，MyBatis 已经默认为 Java 基本类型及常用类型设置了别名，因此在自定义别名时不应该和这些别名冲突，别名不区分大小写。MyBatis 默认的别名设置如表 13-1 所示。

表 13-1　MyBatis 默认别名

别名	映射类型	别名	映射类型
_byte	byte	double	Double
_long	long	float	Float
_short	short	boolean	Boolean

续表

别名	映射类型	别名	映射类型
_int	int	date	Date
_integer	int	decimal	BigDecimal
_double	double	bigdecimal	BigDecimal
_float	float	object	Object
_boolean	Boolean	map	Map
string	String	hashmap	HashMap
byte	Byte	list	List
long	Long	arraylist	ArrayList
short	Short	collection	Collection
int	Integer	iterator	Iterator
integer	Integer		

13.2.5　typeHandlers

MyBatis 将数据库中数据类型通过一系列的 typeHandler 和 Java 进行转换。MyBatis 中的默认 typeHandler 如表 13-2 所示。

表 13-2　MyBatis typeHandler

TypeHandler	Java Types	JDBC Types
BooleanTypeHandler	java.lang.Boolean,boolean	Any compatible BOOLEAN
ByteTypeHandler	java.lang.Byte,byte	byte Anycompatible NUMERIC or BYTE
ShortTypeHandler	java.lang.Short,short	short Any compatible NUMERIC or SHO RT INTEGER
IntegerTypeHandler	java.lang.Integer,int	int Any compatible NUMERIC or INTEG ER
LongTypeHandler	java.lang.Long,long	long Any compatible NUMERIC or LONG INTEGER
FloatTypeHandler	java.lang.Float,float	float Any compatible NUMERIC or FLOAT
DoubleTypeHandler	java.lang.Double,double	double Any compatible NUMERIC or DOUBLE
BigDecimalTypeHandler	java.math.BigDecimal	Any compatible NUMERIC or DECI MAL
StringTypeHandler	java.lang.String	CHAR, VARCHAR
ClobReaderTypeHandler	java.io.Reader	
ClobTypeHandler	java.lang.String	CLOB, LONGVARCHAR

续表

TypeHandler	Java Types	JDBC Types
NStringTypeHandler	java.lang.String	NVARCHAR, NCHAR
NClobTypeHandler	java.lang.String	NCLOB
BlobInputStreamTypeHandler	java.io.InputStream	
ByteArrayTypeHandler	byte[]	Any compatible byte stream type
BlobTypeHandler	byte[]	BLOB, LONGVARBINARY
DateTypeHandler	java.util.Date	TIMESTAMP
DateOnlyTypeHandler	java.util.Date	DATE
TimeOnlyTypeHandler	java.util.Date	TIME
SqlTimestampTypeHandler	java.sql.Timestamp	TIMESTAMP
SqlDateTypeHandler	java.sql.Date	DATE
SqlTimeTypeHandler	java.sql.Time	TIME
ObjectTypeHandler	Any	OTHER, or unspecified
EnumTypeHandler	Enumeration	Type VARCHAR any string compatible type,as the code is stored (not index)
EnumOrdinalTypeHandler	Enumeration	Type Any compatible NUMERIC or DOUBLE,as the position is stored (not the code itself)
InstantTypeHandler	java.time.Instant	TIMESTAMP
LocalDateTimeTypeHandler	java.time.LocalDateTime	TIMESTAMP
LocalDateTypeHandler	java.time.LocalDate	DATE
LocalTimeTypeHandler	java.time.LocalTime	TIME
OffsetDateTimeTypeHandler	java. time.Offset DateTime	TIMESTAMP
OffsetTimeTypeHandler	java.time.OffsetTime	TIME
ZonedDateTimeTypeHandler	java.time.ZonedDateTime	TIMESTAMP
YearTypeHandler	java.time.Year	INTEGER
MonthTypeHandler	java.time.Month	INTEGER
YearMonthTypeHandler	java.time.YearMonth	VARCHAR or LONGVARCHAR
JapaneseDateTypeHandler	java.time.chrono. JapaneseDaAtTeE	

MyBatis 还支持自定义的 typeHandler，创建自己的类型转换器用来支持非标准的类型，创建自定义 typeHandler 有三个步骤，具体如下：

(1) 实现 org.apache.ibatis.type.Type Handler 接口或者继承 org.apache.ibatis.type.Base

Type Handler；

(2) 指定其映射某个 JDBC 类型(可选操作)；

(3) 在 MyBatis 全局配置文件中注册。

13.2.6　objectFactory

MyBatis 返回一个结果对象时会调用 ObjectFactory 创建该对象，缺省的 ObjectFactory 只是简单调用缺省构造器来创建对象。可以通过继承 DefaultObjectFactory 创建自己的工厂。创建完成后，需要在配置文件中注册，详细信息可参阅 MyBatis 说明文档。

13.2.7　plugins

MyBatis 有四个核心动作，通过 MyBatis 提供的拦截器接口，可以拦截这四种动作，进行一些定制化的修改。四个核心动作如下：

- Executor (update, query, flushStatements, commit, rollback, getTransaction, close, isClosed)
- ParameterHandler (getParameterObject, setParameters)
- ResultSetHandler (handleResultSets, handleOutputParameters)
- StatementHandler (prepare, parameterize, batch, update, query)

具体的拦截方法将在后续章节讲述。

13.2.8　databaseIdProvider

databaseIdProvider 用于支持多厂商数据库。不同厂商的数据库在 SQL 语句支持上会有一些差异，通过设置 databaseIdProvider，可以同时支持多厂商的数据库。该属性通常的用法如下：

```
<databaseIdProvider type="DB_VENDOR">
<property name="SQL Server" value="sqlserver"/>
<property name="DB2" value="db2"/>
<property name="Oracle" value="oracle" />
<property name="MySQL" value="mysql" />
</databaseIdProvider>
```

type="DB_VENDOR"表示数据库厂家的标识，这个标识是每一个数据库厂商在 JDBC 中提供的一个字符串，可以通过 JDBC 连接对象的 getMetaData 方法获取元数据对象，再根据元数据对象的 getDatabaseProductName 获取数据库厂商名称串。如果认为原字符串比较长，那么可以使用 property 来自己定义别名。上述的 SQL Server、DB2、Oracle 以及 MySQL 就是这几个数据库厂商在 JDBC 中的厂商标识，但我们在项目中重新定义，分别为 sqlserver、db2、oracle 和 mysql。定义好之后，在 Mapper 文件的 SQL 语句描述中加入 databaseId 属性字段，比如：

```
<select id="selectBlog" resultType="Blog" databaseId="oracle">
select * from Blog where id = #{id}
</select>
```

这样 MyBatis 就会以 Oracle 所支持的 SQL 语法将 SQL 语句发送到数据库。

13.2.9　settings

settings 是对于 MyBatis 的一些参数进行调整，会改变 MyBatis 的运行行为，MyBatis 支持修改的参数比较多，大约有接近 30 个。这些参数大多数都不需要去修改，后边章节将会讲述个别参数，更具体的参数请参阅 MyBatis 官方文档。

13.3　MyBatis 映射文件

MyBatis 的映射文件可以说是使用 MyBatis 的核心，这个文件主要完成 SQL 语句的编写以及对结果集的映射。映射文件有如下几类元素：

- cache：命名空间的二级缓存配置。
- cache-ref：其他命名空间二级缓存配置的引用。
- resultMap：最核心的元素之一，用来映射结果集。
- parameterMap：已废弃，老式风格的参数映射。
- sql：抽取可重用的 SQL 代码块，在使用 SQL 的地方被引用。
- insert：映射 Insert。
- update：映射 Update。
- delete：映射 Delete。
- select：映射 Select。

13.4　select

select 是数据库中最为重要也是使用最为频繁的操作，其使用频率远超其他的修改操作。MyBatis 支持各种复杂的联合查询。一个简单的 select 例子如下：

```
<select id="selectPerson" parameterType="int" resultType="hashmap">
SELECT * FROM PERSON WHERE ID = #{id}
</select>
```

上述 select 元素接收一个 Integer 类型的参数，将查询到的结果输出到一个 HashMap 中，其中的输入输出类型都使用 MyBatis 映射的数据类型，可以参考本章相关小节。在 SQL 语句中，使用#{}来引用传入的参数。

在详细讲述 select 用法之前，此处先列出 select 元素支持的属性，然后结合 select 的用法来详细讲述其中部分重要的属性。select 的元素属性如表 13-3 所示。

表 13-3　select 元素属性

属性	描　述
id	唯一的标识符，必须和引用的方法名相同
parameterType	传入参数的类型，可以是全类名或者别名，但这个属性通常可以省略，MyBatis 可以通过 TypeHandler 推断出具体参数类型
parameterMap	废弃的属性
resultType	非常重要的一个属性，语句返回的期望类型，可以是全类名或者别名。如果是集合，则应该是集合所包含的类型而不是集合本身的类型。不能和 resultMap 同时使用
resultMap	非常重要的一个属性。外部命名被引用，用于语句返回的期望类型。不能和 resultType 同时使用
flushCache	如果设置为 true，则任何时候只要语句被调用，都会导致本地缓存和二级缓存被清空，默认的 false
useCache	如果设置为 true，则会导致本条语句的结果被二级缓存保存，默认对 select 元素为 true
timeout	抛出异常之前需要等待数据库响应时长，单位为秒。默认值未设置，具体依赖驱动
fetchSize	试图去影响驱动，使得驱动每次返回的记录条数等于该值。默认未设置，依赖驱动
statementType	MyBatis 处理 SQL 方式，可以取 STATEMENT、PREPARED 或 CALLABLE，默认值为 PREPARED
databaseId	支持多厂商数据库。如果配置了 databaseIdProvider,MyBatis 会加载不带 databaseId 属性和带有匹配当前数据库 databaseId 属性的所有语句；如果同时找到带有 databaseId 和不带 databaseId 的相同语句，则后者会被忽略
resultOrdered	该设置仅对嵌套结果 select 语句适用。如果为 true，就假设包含了嵌套结果集或是分组，当返回一个主结果行，就不会发生对前边结果集引用的情况，这样就可以使得获取嵌套结果集的时候不至于导致内存不足，默认为 false
resultSets	该设置仅对多结果集的情况适用，将列出语句执行后返回结果集，并给每个结果集一个名称，名称用逗号分隔

13.4.1　参数传递

MyBatis 参数传递一般有三种情况，分别是传递单个参数、传递多个参数、传递封装参数。传递参数时，可以使用 parameterType 属性来指明参数类型，但这个属性可以省略。

(1) 单个参数传递：可以使用#{参数名}来引用，这个参数名不需要和接口中参数名相同。

(2) 多个参数传递：如果直接使用#{参数名 1}，#{参数名 2}这样的形式来引用，将会报错。因为 MyBatis 将入参封装到 Map，而且该 Map 的默认键值是“param1，param2，…

paramN”这样的形式，因此如果需要引用多个参数时，可以使用#{param1}，#{param2}这样的形式，但这种形式的引用可读性比较差，针对这种情况，可以在接口方法入参前使用@Param("paramName")注解来为参数命名，这样在 SQL 语句中就可以使用命名的参数，比如#{paramName}。

(3) 封装参数传递：封装参数传递有两种传递方式，一种是直接传递 POJO 对象，一种是传递 Map。如果需要传递的参数已存在对应的业务模型，则直接传递对象，在 SQL 中直接使用#{属性名}就可以引用。如果传递的参数不存在对应的 POJO，可以使用 Map 来传递，在 SQL 中使用#{键值}引用即可。

下面通过一个示例来讲解参数传递方法，示例中，可以先忽略 resultType 的用法。安装 MySQL 数据库，创建一个名为 company 的数据库，该数据库的用户名为 dbuser，密码为 abc.1234，在该库中建一张 tbl_employee 表，表中有四个字段，分别是 id、last_name，email 和 gender，其中的 id 为一个自增字段并且是表的主键，建表的 SQL 语句如下：

```
CREATE TABLE tbl_employee(
id   INT(10)   PRIMARY KEY AUTO_INCREMENT,
last_name VARCHAR(100),
email VARCHAR(200),
gender CHAR(1))
```

创建一个对应于表 tbl_employee 的 POJO Employee，程序如下：

```
package com.hayee.mybatis.model;
public class Employee {
    private Integer id;
    private String lastName;
    private String email;
    private String gender;
    public Integer getId() {
        return id;
    }
    public void setId(Integer id) {
        this.id = id;
    }
    public String getLastName() {
        return lastName;
    }
    public void setLastName(String lastName) {
        this.lastName = lastName;
    }
    public String getEmail() {
        return email;
    }
```

```
    public void setEmail(String email) {
        this.email = email;
    }
    public String getGender() {
        return gender;
    }
    public void setGender(String gender) {
        this.gender = gender;
    }
}
```

创建一个访问数据库的接口类 EmployeeDao，接口中暂时有四个方法，分别演示传递单个参数、多个参数以及两种封装参数的效果。

```
package com.hayee.mybatis.dao;
import java.util.Map;
import org.apache.ibatis.annotations.Param;
import com.hayee.mybatis.model.Employee;
public interface EmployeeDao {
    public Employee getEmpById(Integer id);
    public Employee getEmpByNameAndEmail(@Param("name") String name, @Param("email")
    String email);
    public Employee getEmpByIdAndName(Employee emp);
    public Employee getEmpByMap(Map<String, Object> map);
}
```

创建 MyBatis 全局配置文件 mybitis-confg.xml，并将其放在类路径下：

```
<?xml version="1.0" encoding="UTF-8" ?>
<!DOCTYPE configuration
PUBLIC "-//mybatis.org//DTD Config 3.0//EN"
"http://mybatis.org/dtd/mybatis-3-config.dtd">
<configuration>
<environments default="development">
    <environment id="development">
    <transactionManager type="JDBC"/>
    <dataSource type="POOLED">
        <property name="driver"
        value="com.mysql.jdbc.Driver "/>
        <property name="url"
        value="jdbc:mysql://localhost:3306/company?useUnicode=true&characterEnc
            oding=utf8"/>
            <property name="username" value="dbuser"/>
```

```
            <property name="password" value="abc.1234"/>
        </dataSource>
        </environment>
    </environments>
    <mappers>
    <mapper resource="resource/mybatis/mapper/EmployeeMapper.xml"/>
    </mappers>
</configuration>
```

创建映射文件 EmployeeMapper.xml，放在类路径的 resource/mybatis/mapper 目录下：

```
<?xml version="1.0" encoding="UTF-8" ?>
<!DOCTYPE mapper
PUBLIC "-//mybatis.org//DTD Mapper 3.0//EN"
"http://mybatis.org/dtd/mybatis-3-mapper.dtd">
<mapper namespace="com.hayee.mybatis.dao.EmployeeDao">
</mapper>
```

注意 namespace 的取值，一定是映射接口类的全类名或者别名。接下来，在 mapper 里边写入 EmployeeDao 接口中四个方法的映射。

① 第一个方法：getEmpById 映射。

```
<select id="getEmpById"
resultType="com.hayee.mybatis.model.Employee">
select id, last_name lastName, email, gender from tbl_employee
where id = #{id}
</select>
```

上述 SQL 映射中，细心读者会发现，这里没有使用 select *，而是输入了所有字段。在当前情况下，如果使用 select *，就会报错，原因是数据库中的字段使用的是 last_name，而返回结果映射的 POJO Employee 中的字段为 lastName，两者的名字不相同导致了报错，所以在上述方案中采取 select 取别名的办法给 last_name 取别名为 lastName，暂时解决了这个问题。这个问题在后边章节将会继续讲述。

在上述映射中，由于入参只有一个，所以直接使用#{id}引用，前文也提到，这种情况下，大括号内名字可以是任意字符串，不会影响 MyBatis 的执行。

② 第二个方法：getEmpByNameAndEmail 映射。

```
<select id="getEmpByNameAndEmail"
 resultType="com.hayee.mybatis.model.Employee">
select id, last_name lastName, email, gender from tbl_employee
where last_name = #{name} AND email = #{email}
</select>
```

由于在方法的参数前使用 Param 注解，所以参数引用时可以直接使用 Param 注解定义的参数名称，而不必使用#{param1}和#{param2}来引用。在多个参数的情况下，大括号里边名字必须和 Param 注解定义的名字一致。

③ 第三个方法：getEmpByIdAndName 映射。

```
<select id="getEmpByIdAndName"
resultType="com.hayee.mybatis.model.Employee">
select id, last_name lastName, email, gender from tbl_employee
where id = #{id} AND lastName = #{lastName}
</select>
```

由于传入的参数是一个 POJO 对象，所以在参数引用的时候直接引用属性即可。

④ 第四个方法：getEmpByMap 映射。该方法还是采用 id 和 lastName 联合查询，在 Map 中分别将键设置为 id 和 lastName，映射如下：

```
<select id="getEmpByMap "
resultType="com.hayee.mybatis.model.Employee">
        select id, last_name lastName, email, gender from tbl_employee
where id = #{id} AND lastName = #{lastName}
</select>
```

由于传入的 Map 的键分别是 id 和 lastName，所以映射在形式上和第三个方法的映射相同，参数引用 Map 的键即可。在调用的时候需要构造一个 Map<String, Map>，分别将 id 和 lastName 的值传入。

接下来写一个 main 方法对以上方法进行测试，测试之前，可以在数据库中先插入几条数据，插入后数据库的内容如表 13-4 所示。

表 13-4　数据库内容

id	last_name	Email	gender
1	Tom	tom@hayee.com	1
2	John	john@hayee.com	1
3	Mary	mary@hayee.com	2
4	Alice	alice@hayee.com	2

测试代码如下：

```
package com.hayee.mybatis;

import java.io.IOException;
import java.io.InputStream;
import java.util.HashMap;
import java.util.Map;

import org.apache.ibatis.io.Resources;
import org.apache.ibatis.session.SqlSession;
import org.apache.ibatis.session.SqlSessionFactory;
import org.apache.ibatis.session.SqlSessionFactoryBuilder;
```

```
import com.hayee.mybatis.dao.EmployeeDao;

import com.hayee.mybatis.model.Employee;
public class TestMyBatis {
    public static void main(String[] args) {
        String resource = "mybatis-config.xml";
        InputStream inputStream;
        SqlSession session = null;
        try {
            inputStream = Resources.getResourceAsStream(resource);
            SqlSession Factorysql Session Factory = new SqlSession Factory Builder ().
            Build (input Stream);
            // 打开一个 Session，并调用 Mapper 接口，进行数据库访问
            session = sqlSessionFactory.openSession();
            EmployeeDao dao = session.getMapper(EmployeeDao.class);

            Employee emp = dao.getEmpById(1);
            System.out.println(emp);

            emp = dao.getEmpByNameAndEmail("Tom", "tom@hayee.com");
            System.out.println(emp);
            Employee empObj = new Employee();
            empObj.setId(1);
            empObj.setLastName("Tom");
            emp = dao.getEmpByIdAndName(empObj);
            System.out.println(emp);

            Map<String, Object> map    = new HashMap<String, Object>();
            map.put("id", 1);
            map.put("lastName", "Tom");
            emp = dao.getEmpByMap(map);
            System.out.println(emp);
        } catch (IOException e) {
            // TODO Auto-generated catch block
            e.printStackTrace();
        } finally {
            if (session != null) {
                session.close();
            }
```

```
            }
        }
    }
```

13.4.2　参数引用

在上个小节中我们学习了使用#{}的形式来引用参数，除了这种方式之外，还有一种引用方式是${}。这两种方式的区别是，#{}采用占位符的方式生成 SQL，而${}则是直接进行拼接生成 SQL。在 Mybatis 执行 SQL 前，通过打印出的 SQL 语句可以看到，如果是使用#{}方式引用参数，则有参数的地方是以“?”形式显示，而使用${}方式引用的参数位置直接是参数的值。在原生 SQL 中，某些地方是不能使用占位符的，比如表名、列名等，这个时候如果要使用动态表名、字段名就需要使用${}这种方式来引用。既然${}引用方式可以完成#{}方式的引用的作用，为什么还需要#{}？这是因为${}是直接拼接的方式，存在 SQL 注入的风险，比如说在参数后边拼接一个使用“；”分隔的有其他目的 SQL 语句，就会被视为多个 SQL 语句的正常执行，从而造成破坏。因此，尽可能使用#{}方式来引用参数，避免 SQL 注入的风险。

在参数引用时，还可以指定该参数的 JDBC 数据类型，除了调用存储结构外，大多数情况下这种指定没什么用处。但有一种情况比较有用，当数据库中某个字段允许为 Null，而且插入数据时也确实将该字段赋值为 Null，此时，如果不做一些处理，在某些数据库下会报一个 JDBC OTHER 类型错误，比如 Oracle 数据库。针对这种情况，有两种处理方式。一种方法是在 MyBatis 全局配置文件中修改全局配置参数 jdbcTypeForNull，这个参数的默认值是 OTHER，将其值修改为 NULL，比如：

```
<settings>
<setting name="jdbcTypeForNull" value="NULL"/>
</settings>
```

但这种修改是全局性的，会影响到所有的映射。另外一种方法就是在引用参数时指定类型，假设 email 要插入空值，则参数引用时，使用#{email, jdbcType=NULL}方式指定，这种方式只影响当前的映射。

13.4.3　resultType

select 结果输出时需要使用 resultType 或者 resultMap 来指明，这两个属性在一个 select 中不能同时使用。

使用 resultType 来指明返回结果时，指定全类名或者别名，当返回的是集合时，需要指定集合中的类型，而不是集合本身，但当结果返回为 Map 时，如果仅返回一条记录，则返回类型指定为 Map 类型，键为列名，值为列取值；如果返回多条记录，则返回类型应为全类名或者别名，同时需要指定 Map 的键。ResultType 主要用于自动封装，在使用中有一定的限制。如果数据库中的列名和 JavaBean 中的属性名完全一致(大小写不敏感)，那么使用 ResultType 很方便，如果数据库的列名和 JavaBean 属性名不同，有两种方法来解决：第一种方法就是通过 select 语句给列名起别名，让别名和 JavaBean 属性相同，这个在上个小节的例子中体现了；第二种方法是，如果数据库的命名按照默认的命名规则以单词和“_”来分隔，而 JavaBean 中则以相同的单词使用驼峰命名，比如上边的示例中，数据库列名为 last_name、JavaBean 属性名为 lastName，这种情况下，需要打开全局配置参数中的 mapUnderscoreToCamelCase，默认值为 false，将其设置为 true，这样 MyBatis 就可以自动将“_”映射为驼峰，比如：

```
<settings>
<setting name="mapUnderscoreToCamelCase" value="true"/>
</settings>
```

很显然这两种解决方法有很大的局限性，如果既不想起别名，又不适合驼峰映射，那就需要使用下个小节的 resultMap 来解决。在讲述 resultMap 之前，先看看使用 resultType 如何返回 List 以及 Map 类型。

1. 返回 List

使用 List 可以接收多条记录，映射方式和接收单条记录的映射方式相同，只是在接口方法的返回值接收上使用 List。

在 EmployeeDao 中增加如下接口：

```
public List<Employee> getEmpByGender (@Param("gender") String gender);
```

这样就在映射文件中增加了 getByGender 方法的映射。

```
<select id="getEmpByGender"
resultType="com.hayee.mybatis.model.Employee">
select id, last_name lastName, email, gender from tbl_employee
where gender = #{gender}
</select>
```

上述代码中，resultType 是 List 中数据的类型 Employee，而不是 List 本身。

2. 返回 Map

Map 既可以返回一条记录，也可以返回多条记录。当返回一条记录时，则默认键值为列名，值为列值。

在 EmployeeDao 中增加如下接口：

```
public Map<String, Object> getEmpByIdInMap(@Param("id") String id);
```

在映射文件中增加 getEmpByIdInMap 方法的映射：

```
<select id="getEmpByIdInMap" resultType="map">
select id, last_name lastName, email, gender from tbl_employee
where id = #{id}
</select>
```

这个时候 resultType 应该取值为 Map 类型。

如果需要使用 Map 返回多条记录时，则需要指定每条记录的键，值为每条记录所封装的对象。

在 EmployeeDao 中增加如下接口：

```
@MapKey("id")
```

```
public Map<String, Employee>    getEmpByGenderInMap(@Param("gender") String gender);
```

需要注意的是，这个方法上应用了@MapKey 注解，该注解告诉 MyBatis 使用什么值作为键，本例中使用 id 列的值作为键。

在映射文件中增加 getEmpByGenderInMap 方法的映射：

```
<select id=" getEmpByGenderInMap "
resultType=" com.hayee.mybatis.model.Employee ">
select id, last_name lastName, email, gender from tbl_employee
where gender = #{gender}
</select>
```

这种情况下 resultType 应该取值为 Map 内的封装类型 Employee。

尽管 MyBatis 提供了以 Map 形式的返回，但是相比于 List 返回形式的简单易用，Map 形式似乎并没有多少优势。

13.4.4 resultMap

resultMap 是 select 元素中最为重要、功能最为强大的属性，尽管 resultType 提供了自动封装的返回类型，但使用范围受限较多，因此在项目应用中，应尽可能使用 resultMap，而不是 resultType。resultMap 的本质是告诉 MyBatis 如何将查询结果映射到返回结果。resultMap 有六个子元素，多数子元素又有许多的属性，这六个子元素具体如下。

- constructor：类在实例化时，用来注入结果到构造器中。
- id：指出表中的主键，可以使用 result 子元素来代替，但是用 id 明确指出可以使 MyBatis 进行一些底层优化，提高执行效率。
- result：指定列名和 JavaBean 属性绑定。
- association：复杂类型的关联。
- collection：复杂类型集合。
- discriminator：根据结果决定使用哪一个 resultMap。

1. 一个简单的 resultMap 应用

在之前的例子中，由于数据库列名 last_name 和 Employee 中的 lastName 不同，所以在 select 中使用了别名，现在使用 resultMap 来解决这个问题。

在 EmployeeDao 接口类中增加方法：

```
public List<Employee> getEmpByGenderRM(@Param("gender") String gender);
```

上述代码在方法名之后添加了 RM，表示使用 resultMap。在 Mapper 文件中先定义 resultMap，然后再映射 getEmpByGenderRM 方法，如下：

```
<resultMap id="empResult" type="com.hayee.mybatis.model.Employee">
        <id property="id" column="id" />
        <result property="lastName" column="last_name"/>
        <result property="email" column="email"/>
        <result property="gender" column="gender"/>
</resultMap>
```

上边定义了一个 id 为 empResult 的 resultMap，其中的 type 就是需要映射的 JavaBean 的全类名或者别名。id 和 result 中 property 和 column 属性分别表示 JavaBean 属性名和数据库列名。可以看到是将数据库列名 last_name 映射到属性 lastName，这样后边的映射就可以直接使用 select *的形式。

接下来在映射文件中对 getEmpByGenderRM 方法进行映射，如下：

```
<select id="getEmpByGenderRM" resultMap="empResult">
select * from tbl_employee
where gender = #{gender}
</select>
```

在这个映射中，使用了 resultMap，引用了定义的名为 empResult 的 resultMap，然后在 select 语句中直接使用了 select *方式。

2. 级联定义

如果返回的结果中包含对象，那么 resultType 肯定没有办法解决，这种情况下需要使用 resultMap 级联定义，下边通过示例来说明级联定义的使用。

在数据库中继续创建一个部门表，表名为 tbl_dept，其中有两个字段，一个是部门 id，一个是部门名称，列名分别为 id 和 dept_name， id 是一个自增字段，也是表的主键。建表语句如下：

```
CREATE TABLE tbl_dept(
    id   INT(10)   PRIMARY KEY AUTO_INCREMENT,
    dept_name VARCHAR(100))
```

在 tbl_employee 表中增加一个字段 dept_id，用来和部门表做关联。在部门表中插入两条数据，插入数据后，部门表内容如表 13-5 所示。

表 13-5　部门表内容

id	Dept_name
1	Research&Development
2	Validation&Testing

员工表增加部门字段后的内容如表 13-6 所示。

表 13-6　增加部门字段后的内容

id	last_name	Email	gender	dept_id
1	Tom	tom@hayee.com	1	2
2	John	john@hayee.com	1	2
3	Mary	mary@hayee.com	2	1
4	Alice	alice@hayee.com	2	1

接下来需要查询员工信息时将其部门信息也显示出来，为此，需要定义一个 Department 类，再定义一个 EmployeeDetails 类，在 EmployeeDetails 中增加 Department 对象，修改的代码如下：

```
package com.hayee.mybatis.model;
public class Department {
    private Integer id;
    private String   deptName;
    public Integer getId() {
        return id;
    }
    public void setId(Integer id) {
        this.id = id;
    }
    public String getDeptName() {
        return deptName;
    }
    public void setDeptName(String deptName) {
        this.deptName = deptName;
    }
}
package com.hayee.mybatis.model;
public class EmployeeDetails {
    private Integer id;
    private String lastName;
    private String email;
    private String gender;
    private Department dept;
    public Integer getId() {
        return id;
    }
    public void setId(Integer id) {
        this.id = id;
    }
    public String getLastName() {
        return lastName;
    }
    public void setLastName(String lastName) {
        this.lastName = lastName;
    }
    public String getEmail() {
        return email;
    }
```

```
    public void setEmail(String email) {
        this.email = email;
    }
    public String getGender() {
        return gender;
    }
    public void setGender(String gender) {
        this.gender = gender;
    }
    public Department getDept() {
        return dept;
    }
    public void setDept(Department dept) {
        this.dept = dept;
    }
}
```

在 EmployeeDao 中增加 getAllEmpDetails 方法，该方法返回 EmployeeDetails 类型，增加后的代码如下：

```
package com.hayee.mybatis.dao;

import java.util.List;
import java.util.Map;
import org.apache.ibatis.annotations.MapKey;
import org.apache.ibatis.annotations.Param;
import com.hayee.mybatis.model.Employee;
import com.hayee.mybatis.model.EmployeeDetails;

public interface EmployeeDao {
    public Employee getEmpById(Integer id);
    public Employee getEmpByNameAndEmail(@Param("name") String name, @Param("email")
            String email);
    public Employee getEmpByIdAndName(Employee emp);
    public Employee getEmpByMap(Map<String, Object> map);
    public List<Employee> getEmpByGender (@Param("gender") String gender);
    @MapKey("id")
    public Map<String, Employee>   getEmpByGenderInMap(@Param("gender") String gender);
    public List<EmployeeDetails> getAllEmpDetails();
}
```

原生的 select 语句如下(由于两张表中有相同的列名(id)，因此需要使用 select 起别名):

```
select  e.id  eid, e.last_name lastName, e.email email, e.gender gender
d.id did  d.dept_name deptName
from tb_employee e, tbl_depte d
where e. dept_id = d.id
```

在映射文件中重新定义 resultMap 并映射 getAllEmpDetails 方法：

```
<resultMap id="empDetails" type=" com.hayee.mybatis.model.EmployeeDetails">
    <id property="id" column="eid" />
    <result property="lastName" column="lastName"/>
    <result property="email" column="email"/>
    <result property="gender" column="gender"/>
        <result property="dept.id" column="did"/>
    <result property="dept.deptName" column="deptName"/>
</resultMap>
```

这样就完成了级联属性的映射，由于两张表中存在相同的列名，因此需要在 select 中使用别名，映射列名时就需要使用 select 的别名。

还可以使用 association 元素来定义级联属性，如下：

```
<resultMap id="empDetailsAsso" type=" com.hayee.mybatis.model.EmployeeDetails">
    <id property="id" column="eid" />
    <result property="lastName" column="lastName"/>
    <result property="email" column="email"/>
    <result property="gender" column="gender"/>
    <association property="dept" javaType="com.hayee.mybatis.model.Department">
    <id property="id" column="did"/>
        <result property="deptName" column="deptName"/>
    </association>
</resultMap>
```

association 的 property 值必须为级联对象的对象名，javaType 则是该对象类型的别名或者全类名。Association 相当于为一个字表建立了一个子 resultMap。

接下来，方法的映射如下：

```
<select id="getAllEmpDetails" resultMap="empDetails">
    select  e.id  eid, e.last_name lastName, e.email email, e.gender gender d.id did  d.dept_
    name dept Name
    from tb_employee e, tbl_depte d
    where e.dept_id = d.id
</select>
```

在 resultMap 中引用 empDetails 和 empDetailsAsso 效果是相同的。

3. 集合级联定义

前面讲述了从 tbl_employee 到 tbl_dept 的关联，如果需要做 tbl_dept 到 tbl_employee 的关联，比如说，需要查出每个部门所有人员的信息，因为每个部门可能会有很多人，所以需要有集合来容纳 tbl_employee 中的人员信息，针对这种情况，要使用 collection 来完成这个功能。

为了实现这个功能，重新建立一个 DepartmentDetails，这个类中包含了一个 Employee 的列表对象 emps：

```
package com.hayee.mybatis.model;

import java.util.List;

public class DepartmentDetails {
    private Integer id;
    private String  deptName;
    private List<Employee> emps;
    public Integer getId() {
     return id;
    }
    public void setId(Integer id) {
        this.id = id;
    }
    public String getDeptName() {
        return deptName;
    }
    public void setDeptName(String deptName) {
        this.deptName = deptName;
    }
    public List<Employee> getEmps() {
        return emps;
    }
    public void setEmps(List<Employee> emps) {
        this.emps = emps;
    }
}
```

建立一个 DepartmentDao 接口类：

```
package com.hayee.mybatis.dao;

import java.util.List;
import com.hayee.mybatis.model.DepartmentDetails;
public interface DepartmentDao {
```

```
    public List<DepartmentDetails> getAllDeptDetails();
}
```

实现该查询的原生 SQL 语句如下：

```
select d.id did, d.dept_name deptName,
e.id    eid, e.last_name lastName, e.email email, e.gender gender
from    tbl_depte d left join tb_employee e on d.id = e. dept_id
```

由于部门匹配多个员工，因此使用了左连接。

接下来创建另外一个 Mapper 文件，名字为 DepartmentMapper.xml，同样放在类路径的 resource/mybatis/mapper 目录下，需要将文件中的 namespace 指向 DepartmentDao。通常情况下，如果某张表有独立的操作，都应该为其建立独立的 Mapper 文件以及访问接口类。

```
mapper namespace="com.hayee.mybatis.dao.DepartmentDao"
```

将文件加入到全局配置文件的 mapper 中：

```
<mappers>
<mapper resource="resource/mybatis/mapper/EmployeeMapper.xml"/>
<mapper resource="resource/mybatis/mapper/DepartmentMapper.xml"/>
</mappers>
```

接下来在 DepartmentMapper.xml 中定义 resultMap 及对 getAllDeptDetails 方法的映射：

```
<resultMap id="deptDetails" type="com.hayee.mybatis.model. DepartmentDetails">
        <id property="id" column="did" />
<result property="deptName" column="deptName"/>
        <collection property="emps" ofType=" com.hayee.mybatis.model.Employee ">
        <id property="id" column="eid"/>
        <result property="lastName" column="lastName"/>
        <result property="email" column="email"/>
        <result property="gender" column="gender"/>
        </collection>
</resultMap>
```

其中，property 值必须为集合对象名，ofType 则是集合中对象类型的别名或者全类名。

getAllDeptDetails 方法的映射如下：

```
<select id="getAllDeptDetails" resultMap="deptDetails">
        select d.id did, d.dept_name deptName,
        e.id    eid, e.last_name lastName, e.email email, e.gender gender
        from    tbl_depte d left join tb_employee e on d.id = e.dept_id
</select>
```

13.4.5　分步查询与延迟加载

分步查询和延迟加载用在多表联查的场景中，在上个小节中，查询员工部门信息和部门员工信息时都是对两张表进行同时操作，通过分步查询可以先查询一个表，再查询另一张表，这么做主要是为了延迟加载，减少对数据库访问的消耗。比如说，进行员工和部门信息联查，也许查询过程中，程序只需要使用员工信息，并不需要使用部门信息，但我们却进行了多表联查增加了数据库操作。如果使用延迟加载的话，MyBatis 会进行判断，如果部门信息不需要被程序使用，则 MyBatis 不会向数据库发送对于部门表的查询请求，仅仅只发送对员工表的查询请求，这样就减少了对数据库的操作。

1. 分步查询

为了讲述分步查询，需要在 DepartmentDao 中增加一个简单方法，即根据部门 id 获取部门信息的方法，增加后的代码如下：

```
package com.hayee.mybatis.dao;

import java.util.List;
import org.apache.ibatis.annotations.Param;
import com.hayee.mybatis.model.Department;
import com.hayee.mybatis.model.DepartmentDetails;
public interface DepartmentDao {
        public List<DepartmentDetails> getAllDeptDetails();
        public Department getDeptById(@Param("id") Integer id);
}
```

在 DepartmentMapper.xml 文件中实现对 getDeptById 方法的映射，如下：

```
<select id="getDeptById"
resultType="com.hayee.mybatis.model.Department">
        select id, dept_name deptName
        from    tbl_depte
        where id = #{id}
</select>
```

在 EmployeeDao 中增加一个方法 getEmpDetailsById，根据员工 ID 获取员工详细信息，包括了部门信息。

```
public interface EmployeeDao {
    public Employee getEmpById(Integer id);
    public Employee getEmpByNameAndEmail(@Param("name") String name, @Param("email")
    String email);
    public Employee getEmpByIdAndName(Employee emp);
    public Employee getEmpByMap(Map<String, Object> map);
    public List<Employee> getEmpByGender (@Param("gender") String gender);
    @MapKey("id")
    public Map<String, Employee>    getEmpByGenderInMap(@Param("gender") String gender);
    public List<EmployeeDetails> getAllEmpDetails();
    public EmployeeDetails getEmpDetailsById(@Param("id") String id);
```

```
}
```

接下来，在 EmployeeMapper.xml 映射文件中实现 getEmpDetailsById 方法的映射，首先定义 resultMap，然后再映射方法：

```
<resultMap id="empDetailsStep" type=" com.hayee.mybatis.model.EmployeeDetails">
        <id property="id" column="eid" />
        <result property="lastName" column="lastName"/>
        <result property="email" column="email"/>
        <result property="gender" column="gender"/>
        <association property="dept" javaType="com.hayee.mybatis.model.Department">
            column="dept_id" select=" com.hayee.mybatis.dao.DepartmentDao.getDeptById"
        </association>
</resultMap>
```

方法的映射如下：

```
<select id="empDetailsStep" resultMap="empDetailsStep">
        select e.id    eid, e.last_name lastName, e.email email, e.gender gender
        from    tb_employee e
</select>
```

在 resultMap 定义中，association 的 property 为分步查询对象的对象名，javaType 则是该对象类型的别名或者全类名，在级联封装中，javaType 不能省略。Select 是需要调用的分步查询的方法，column 是需要传入分步查询方法的参数。在方法映射的 SQL 语句中，只需要使用分步查询前的 SQL 语句。本例中就是根据员工 id 查询员工信息的 SQL。

同样，可以使用 collection 来完成分步查询，接下来完成根据部门 id 获取部门及部门员工信息的查询。

在 DepartmentDao 接口中增加如下方法：

```
public DepartmentDetails getDeptDetailsById(@Param("id") Integer id);
```

在 EmployeeDao 中增加一个根据部门 id 获取员工信息的方法 getEmpByDeptId，并在 EmployeeMapper.xml 对其进行映射，代码如下：

```
public List<Employee> getEmpByDeptId(@Param("deptId")Integer deptId);
```

方法映射如下：

```
<select id="getEmpByDeptId"
resultType="com.hayee.mybatis.model.Employee">
        select id, last_name lastName, email, gender from tbl_employee
where dept_id = #{deptId}
</select>
```

然后在 DepartmentMapper.xml 映射文件中实现 getDeptDetailsById 方法的映射，首先定义 resultMap，然后再映射方法：

```
<resultMap id="deptDetailsStep" type=" com.hayee.mybatis.model. DepartmentDetails">
        <id property="id" column="did" />
<result property="deptName" column="deptName"/>
```

```
        <collection property="emps" javaType="com.hayee.mybatis.model. Employee">
            column="did" select="com.hayee.mybatis.dao.EmployeeDao. getEmpByDeptId"
        </collection >
    </resultMap>
```

方法的映射如下：

```
    <select id="getDeptDetailsById" resultMap="deptDetailsStep">
        select d.id    did, d.dept_name deptName
        from    tb_dept d
    </select>
```

2. 延迟加载

前面提到过，分步式查询主要可以使用延迟加载，降低数据库的损耗，当应用程序不使用分步查询中的结果时，MyBatis 则不会下发分步查询。要使用延迟加载特性，需要在全局配置参数中做如下配置：

```
    <settings>
        <setting name="lazyLoadingEnabled" value="true"/>
        <setting name="aggressiveLazyLoading" value="false"/>
    </settings>
```

3. 分步查询的局限性

分步查询的优势是可以组合已有的查询方法，进行延迟加载，降低数据库的消耗，但是分步查询的使用还是有一定的局限性。

上面的示例中使用 association 解决了一对一的分步查询，使用 collection 解决了一对多的查询。但是，当存在多对一、多对多的情况时，分步查询会遇到比较大的困难。针对这种情况，不建议使用分步查询，而是使用组合的 select 语句解决。

13.5　insert、update 和 delete

insert、update 和 delete 的应用相对比较简单，这几个方法不需要映射返回类型，因为其返回值是语句执行后影响数据库的条数。因此，在接口方法声明中，方法可以返回 Integer、Long、Boolean 或者 void 类型，MyBatis 会自动包装这些类型返回，当返回为 Boolean 时，影响的行数如果大于 0 则返回 true，否则返回 false。

下面使用 insert、update 和 delete 对 Employee 表进行数据操作，在 EmployeeDao 接口增加 addEmp、updateEmpById 和 deleteEmpById 方法：

```
public interface EmployeeDao {
    public Employee getEmpById(Integer id);
    public Employee getEmpByNameAndEmail(@Param("name") String name, @Param("email")
    String email);
    public Employee getEmpByIdAndName(Employee emp);
    public Employee getEmpByMap(Map<String, Object> map);
```

```
    public List<Employee> getEmpByGender (@Param("gender") String gender);
    @MapKey("id")
    public Map<String, Employee>    getEmpByGenderInMap(@Param("gender") String gender);
    public List<EmployeeDetails> getAllEmpDetails();
    public EmployeeDetails getEmpDetailsById(@Param("id") String id);
    public List<Employee> getEmpByDeptId(@Param("deptId")Integer deptId);
    public Integer addEmp(Employee emp);
    public Integer updateEmpById(Employee emp);
    public Integer deleteEmpById(Integer id);
}
```

在 EmployeeMapper.xml 映射文件中对这三个方法进行映射：

```
<insert id="addEmp">
        insert into tbl_employee (last_name, email, gender)
        values (#{lastName},#{email},#{gender})
</insert>
        <update id="updateEmpById">
        update tbl_employee set
        last_name = #{lastName}, email = #{email}, gender = #{gender}
where id = #{id}
</update>
<delete id=" deleteEmpById ">
        delete tbl_employee where id = #{id}
</delete>
```

当入参是对象时，参数引用直接引用对象的属性即可。另外，关于多条数据的插入将在动态 SQL 部分讲述。

13.5.1　更改提交

在某些数据库中，自动提交默认是关闭的，也就是说，插入、修改以及删除数据库记录时，如果不做 commit 动作，那么这些修改动作是不会真正写入到数据库中。在 MyBatis 中，调用 openSession 方法打开 session 时，可以给该方法传入一个 true，这样 MyBatis 就会打开自动提交功能。自动提交存在一个效率上的问题，对数据库的修改基本都会实时同步写入到数据库中，在大批量插入、修改时效率会降低。因此，一般情况下应该使用手动提交方式，也就是在 session 关闭前调用 session 的 commit 方法提交，比如删除 id 为 1 的员工：

```
public static void main(String[] args) {
    String resource = "mybatis-config.xml";
    InputStream inputStream;
    SqlSession session = null;
```

```
        try {
            inputStream = Resources.getResourceAsStream(resource);
            SqlSessionFactory sqlSessionFactory =
                        new SqlSessionFactoryBuilder().build(inputStream);
            // 打开一个 Session，并调用 Mapper 接口，进行数据库访问
            session = sqlSessionFactory.openSession();
            EmployeeDao dao = session.getMapper(EmployeeDao.class);
            Employee emp = dao.deleteEmpById(1);
            session.commit();
        } catch (IOException e) {
            // TODO Auto-generated catch block
            e.printStackTrace();
        } finally {
            if (session != null) {
                session.close();
            }
        }
    }
```

13.5.2　自增主键获取

在员工表中插一条记录时，由于主键 id 被设置为自增字段，因此不需要手动设置值，但如果插入数据后，想获取 id 值应该怎么做？如果是支持自增字段数据库，比如 MySQL，获取的方法比较简单；如果不支持自增字段数据库，比如 Oracle，虽然方法复杂一些，但也可以获取。下边分别讲述从 MySQL 和 Oracle 中获取自增主键的方式。

在 MySQL 数据环境下，获取自增主键的映射方式如下：

```
<insert id="addEmp" useGeneratedKeys="true" keyProperty="id">
    insert into tbl_employee (last_name, email, gender)
    values (#{lastName},#{ email },#{ gender })
</insert>
```

将 useGeneratedKeys 值置为 true，keyProperty 指明获取的主键绑定到输入对象对应主键的属性上。如果使用上述映射，那么调用 addEmp(Employee emp)方法后，MyBatis 会自动将获取的主键回填到 emp 的 id 中。如果是批量插入的话，MyBatis 也会自动将该主键返回到输出参数的 List 中。

Oracle 的一些版本并不支持自增字段，而是采用序列的方式模拟自增字段。当需要使用自增字段时，首先要创建一个序列。在插入数据时，要先获取序列进行赋值，这样才能完成数据插入，下面讲述针对 Employee 表，在 Oracle 下的插入。

前边给出的创建表 SQL 是在 MySQL 下执行的，在 Oracle 下没有 AUTO_INCREMENT 这个关键字。在创建表之后，创建一个序列：

```
CREATE SEQUENCE SQ_EMPLOYEEID START WITH 1
```

然后执行一次 SELECT SQ_ EMPLOYEEID.NEXTVAL FROM DUAL 语句，DUAL 是 Oracle 系统的一个临时表。这样后续每次使用 SQ_EMPLOYEEID.NEXTVAL 就可以获取一个类似自增字段的值，比如：

```
insert into tbl_employee (id, last_name, email, gender)
values (sq_employeeid.nextval, 'harry', 'harry@hayee.com', '1')
```

在 MyBatis 中获取这种字段，需要使用 selectKey 属性获取，获取的方式有两种，一种是插入前获取，一种是插入后获取。

插入前的获取方式如下：

```
<insert id="addEmp">
        <selectKey keyProperty="id" resultType="int" order="BEFORE">
              select sq_employeeid.nextval from dual
        </selectKey>
        insert into tbl_employee
         (id, lastName, email, gender)
        values
         (sq_employeeid.nextval, #{lastName}, #{email}, #{gender})
</insert>
```

selectKey 中，keyProperty 表示要绑定到的对象的属性，resultType 表示对象的类型，需要是 MyBatis 中的映射类型，order 表示执行顺序，上边示例中为 BEFORE，表示 selectKey 中的语句在插入语句之前执行，将序列值执行获取后，绑定到 id 属性上，下面的插入语句直接引用 id 属性。

插入后获取方式是将 order 值设置为 AFTER，但获取的语句稍微有些不同，需要使用 currval，插入的时候使用 nextval。

```
<insert id="addEmp">
        <selectKey keyProperty="id" resultType="int" order="AFTER">
              select sq_employeeid.currval from dual
        </selectKey>
        insert into tbl_employee
        (id, lastName, email, gender)
        values
        (sq_employeeid.nextval, #{lastName},#{email},#{gender})
</insert>
```

13.6 动态 SQL

动态 SQL 是 MyBatis 最为强悍的一个特性。动态 SQL 指的是在运行时可以根据输入参数的不同而构造执行不同的 SQL 语句。MyBatis 动态 SQL 主要通过以下四个关键字来完成：

- if：条件。
- choose (when, otherwise)：选择。
- trim (where, set)：字符串拼接、截取。
- foreach：循环。

动态 SQL 语法采用 OGNL (Object - Graph Navigation Language)表达式，OGNL 是一种非常强大的表达式，不仅可以构造简单的逻辑判断，而且可以调用对象方法以及静态方法、静态域等。关于 OGNL 的详细用法请参考 OGNL 官方网站 http://commons.apache.org/proper/commons-ognl/。在使用 OGNL 表达式时需要注意，表达式中有部分符号在 html 中有特殊语义，因此要使用这些符号本身时，需要使用 html 转义符，表 13-7 列出了 html 中的几个特殊语义符号。

其他更详细的信息，可以参考 http://www.w3school.com.cn/tags/html_ref_entities.html。

为了讲解动态 SQL，下边的章节还是以访问 tbl_employee 表为例，创建一个 EmployeeDynamicDao 接口类和一个 EmployeeDynamicMapper.xml 映射文件。映射文件中的 nameSpace 相应修改为 EmployeeDynamicDao，并且需要将映射文件加入到全局配置文件中。

表 13-7　html 转义符号

结果	描述	实体名称	实体编号
"	双引号	"	"
'	单引号	'	'
&	and	&	&
<	小于	<	<
>	大于	>	>

13.6.1　if

if 的基本用法如下：

```
<if test="表达式">
SQL 语句
</if>
```

当 test 中的表达式为真时，if 条件中的 SQL 语句将会被拼接，否则将被忽略。在 EmployeeDynamicDao 接口中，增加一个动态查询方法，可以根据输入员工的性别、名字以及邮箱进行查询，也就是说只要任意输入其中的一个字段或者所有字段，该方法就能根据输入的字段进行组合查询。

EmployeeDynamicDao 接口如下：

```
public interface EmployeeDynamicDao {
    public List<Employee> getEmpDynamic(Employee emp);
}
```

在 EmployeeDynamicMapper.xml 文件中实现对 getEmpDynamic 方法的映射，

EmployeeDynamicMapper.xml 如下：

```
<?xml version="1.0" encoding="UTF-8" ?>
<!DOCTYPE mapper
PUBLIC "-//mybatis.org//DTD Mapper 3.0//EN"
"http://mybatis.org/dtd/mybatis-3-mapper.dtd">
<mapper namespace="com.hayee.mybatis.dao.EmployeeDynamicDao">
    <resultMap id="empResult" type="com.hayee.mybatis.model.Employee">
        <id property="id" column="id" />
        <result property="lastName" column="last_name"/>
        <result property="email" column="email"/>
        <result property="gender" column="gender"/>
    </resultMap>
    <select id="getEmpDynamic" resultMap="empResult">
select * from tbl_employee
where
    <if test="lastName != null">last_name = #{lastName}</if>
    <if test="email != null">AND email= #{email}</if>
    <if test="gender!= null ">AND gender = #{gender}</if>
    </select>
</mapper>
```

if 测试语句中，测试的字段来自入参，而不是数据库列。上述映射存在一些问题，假设 lastName 为空或者 lastName、email 和 gender 都为空就会出错。如果 lastName 为空，则拼接出来的 SQL 语句的形式将是：

```
select * from tbl_employee where and …
```

很显然，这是一个非法的格式，如果三个字段都为空的话，拼接出来的 SQL 语句是：

```
select * from tbl_employee where
```

这也是一个非法的语句。

解决这个问题的方法有两种，第一种解决办法如下：

```
<select id="getEmpDynamic" resultMap="empResult">
select * from tbl_employee
where 1 = 1
    <if test="lastName != null">AND last_name = #{lastName}</if>
    <if test="email != null">AND email = #{email}</if>
    <if test="gender!= null ">AND gender = #{gender}</if>
</select>
```

在 where 之后加上“1=1”这样一个永真条件，然后在第一个语句之前加上 AND 连接关键字。这样的话，这些条件无论怎样组合，拼接的 SQL 语句都是合法的满足要求的。即便三个条件都不满足，也会拼接成“select * from tbl_employee where 1 = 1”这样的 SQL 语句，这是一个合法的 SQL 语句，和“select * from tbl_employee”作用是相同的。

尽管这么做可以解决这个问题，但这并不是 MyBatis 推荐的解决方案。

第二种解决办法 MyBatis 推荐使用 where 标签，可以改写为如下形式：

```
<select id="getEmpDynamic" resultMap="empResult">
select * from tbl_employee
    <where>
        <if test="lastName != null">last_name = #{lastName}</if>
        <if test="email != null">AND email= #{email}</if>
        <if test="gender!= null ">AND gender = #{gender}</if>
    </where>
</select>
```

where 标签可以根据标签里的条件进行拼接，当三个字段都为空时，where 标签不会在 SQL 语句后拼接 where 关键字。如果第一个条件字段为空，where 标签会自动去掉 AND 或者 OR 前缀。同样的标签还有 set 标签，用于 update，只不过 set 标签可以将后边多余的“,”去掉，比如：

```
<update id="updateEmpDynamic">
    update tbl_employee
    <set>
        <if test=" lastName!= null">last_name=#{lastName},</if>
        <if test="email != null">email=#{email},</if>
        <if test=" gender != null">gender=#{gender}</if>
    </set>
    where id=#{id}
</update>
```

MyBatis 介绍说 where 或者 set 标签可以解决 90%的条件拼接问题，也就是说还有 10%的问题 where 标签是没有办法解决的。比如，有些人拼接 SQL 时，喜欢将 AND 或者 OR 连接词放在判断之后，在这种情况下，使用 where 标签会报错。针对这种情况需要使用 trim，trim 提供了前缀特征及前缀覆盖、后缀特征及后缀覆盖。事实上 trim 标签也确实只使用在 10%的情况下，在这里不做详细介绍，感兴趣的读者可参阅 MyBatis 的官方文档。

13.6.2　choose

choose 相当于 Java 的 switch/case 条件，只要一个条件满足，则后续条件将不会被执行拼接。choose 的基本用法是：

```
<choose>
    <when test="表达式 1">
        SQL 语句
    </when>
    <when test="表达式 2">
        SQL 语句
```

```
        </when>
        <otherwise>
            SQL 语句
        </otherwise>
    </choose>
```

在 EmployeeDynamicDao 接口类中增加一个根据给定条件查询的方法：

```
public List<Employee> getEmpByOneCondition(Employee emp);
```

在 EmployeeDynamicMapper.xml 映射文件中对 getEmpByOneCondition 方法进行映射：

```
<select id="getEmpByOneCondition" resultMap="empResult">
select * from tbl_employee
<where>
    <choose>
        <when test="lastName != null">
            last_name = #{lastName}
        </when>
        <when test="email != null">
            AND email= #{email}
        </when>
        <when test="gender != null">
            AND gender = #{gender}
        </when>
        <otherwise>
            AND 1 = 1
        </otherwise>
    </choose>
</where>
</select>
```

这样，choose 将按顺序从 lastName、email 和 gender 三个字段进行测试，只要有一个不为空，则不会再检查后续条件，根据该不为空的字段查询。如果三个条件都为空，则进入 otherwise 分支，拼接上一个永真条件，查询所有记录。

13.6.3　foreach

foreach 用来遍历入参中的集合，可以构造 select 中 in 操作符的目标集，也可以用来进行多条数据插入。foreache 的一般形式如下：

```
<foreach collection="list" item="item" index="index" open="(" separator="," close=")">
#{item}
</foreach>
```

collection 表示要遍历的集合名，即接口类方法传入的集合参数，取值为使用@Param

注解为其增加的名字；item 表示遍历集合的单个对象，取值可随便定义，用于在 foreach 中引用；index，如果遍历的是 List，则 index 是 List 的索引，如果遍历的是 Map，则 index 是 Map 的键，取值可随便定义，可以在 foreach 中引用；open 表示使用哪一种前导字符串，作为循环出来的值集的开始标注；separator 表示使用哪一种符号来分隔各个值；close 表示使用哪一种后缀字符串关闭循环出来的值集。比如上面的示例表示遍历一个 list，将其中的值放在一对()中，值之间使用“,”分隔。

1. foreach 构造集合查询

在 EmployeeDynamicDao 增加一个方法，该方法根据给定的一组员工 id 进行查询，增加的方法如下：

```
public List<Employee> getEmpByIds(@Param("ids") List<Integer> ids);
```

该方法的映射如下：

```
<select id="getEmpByIds" resultMap="empResult">
select * from tbl_employee where id in
   <foreach collection="ids" item="itemId" index="index" open="(" separator="," close=")">
       #{itemId}
   </foreach>
</select>
```

2. MySQL 中的批量插入

在 MySQL 中，有两种方法可以进行批量插入，一种方法是使用多条 insert 语句，每条语句之间使用“;”分割；另外一种方法是使用一条 insert 后跟多个 values。MySQL 默认情况下对于同时执行多条 SQL 语句的开关是关闭的，因此要使用第一种方法就必须先将这个开关打开。打开的方法也很简单，只需要在连接串 URL 中将 allowMultiQueries 属性设置为 true，比如：

```
jdbc:mysql://localhost:3306/company?useUnicode=true&characterEncoding=
utf8?allowMultiQueries="true"
```

在 EmployeeDynamicDao 增加一个多条记录插入的方法，如下：

```
public Integer addEmps(@Param("emps") List<Employee> emps);
```

在 EmployeeDynamicMapper.xml 映射文件中，实现对 addEmps 方法的映射，如下：

```
<insert id="addEmps">
        <foreach collection="emps" item="emp" separator=";">
                insert into tbl_employee (last_name, email, gender)
                values (#{emp.lastName},#{emp.email},#{emp.gender})
        </foreach>
</insert>
```

在这个 foreach 中，将 separator 的值设置为“;”，这样多条 SQL 语句用“;”隔开，通过执行多条插入 SQL 语句完成批量插入功能。但在 MySQL 中，这种插入的方法并不推荐使用，因为 MySQL 支持多个 values 的形式完成多条记录插入，比如一个多条记录插入的原生 SQL 语句可能如下：

```
insert into tbl_employee (last_name, email, gender)
values ('Cox', 'cox@hayee.com', '1'),
('Cindy', 'cindy@hayee.com', '2'),
('Mike', 'mike@hayee.com', '1')
```

使用这种方式重写映射 addEmps 方法，如下：

```
<insert id="addEmps">
        insert into tbl_employee (last_name, email, gender)
    values
    <foreach collection="emps" item="emp" separator=",">
        (#{emp.lastName},#{emp.email},#{emp.gender})
    </foreach>
</insert>
```

3. Oracle 中的批量插入

在 Oracle 数据库中，也可以使用多条 insert 语句多条记录插入，方法和 MySQL 中写法相同，但是需要将多条 SQL 语句放在 begin 和 end 关键字之间。使用这种方式插入上述三条记录的原生 SQL 语句如下：

```
begin
    insert into tbl_employee (id, last_name, email, gender)
    values (sq_employeeid.nextval, 'Cox', 'cox@hayee.com', '1');
    insert into tbl_employee (id, last_name, email, gender)
    values (sq_employeeid.nextval, 'Cindy', 'cindy@hayee.com', '2');
    insert into tbl_employee (id, last_name, email, gender)
    values (sq_employeeid.nextval, 'Mike', 'mike@hayee.com', '1');
end;
```

这种方式的映射如下：

```
<insert id="addEmps">
    begin
        <foreach collection="emps" item="emp" separator=";">
            insert into tbl_employee (id,last_name, email, gender)
            values (sq_employeeid.nextval,#{emp.lastName},#{emp.email},#{emp.gender})
        </foreach>
        ;
    end;
</insert>
```

除了这种方法外，Oracle 中还有一种多条记录插入的方法，即使用临时表来完成多条记录插入的功能。这种方法不是使用多个 values 的语法，因为 Oracle 不支持多个 values 的插入方式。在 Oracle 中插入上述三条记录的原生 SQL 语句如下：

```
insert into tbl_employee (id, last_name, email, gender)
```

```
    select sq_employeeid.nextval, lastName, email from(
        select 'Cox' lastName, 'cox@hayee.com ' email '1' gender from dual
        union
        select 'Cindy' lastName, 'cindy@hayee.com' email '2' gender from dual
        union
        select 'Mike' lastName, 'mike@hayee.com' email    '1' gender from dual
    )
```

这种方式的映射如下：

```
<insert id="addEmps">
    insert into tbl_employee (id, last_name, email, gender)
    select sq_employeeid.nextval, lastName, email from
        <foreach collection="emps" item="emp" open="(" separator="union" close=")>
            select #{emp.lastName},#{emp.email},#{emp.gender} from dual
        </foreach>
</insert>
```

13.6.4　bind 和模糊匹配

bind 用于将 OGNL 表达式的值绑定到某个变量，然后在 SQL 语句中引用该变量。由于 OGNL 功能非常强大，支持各种类方法调用、正则表达式，因此可以写出更强大更复杂的表达式。下边通过模糊查询的例子来说明 bind 的使用。

在 SQL 中使用 like 操作符来进行模糊匹配，使用“%”来进行通配，在映射 SQL 中使用“%”进行拼接 SQL 有两种方法，第一种是直接使用${}方式进行参数引用，将“%”符号拼接上，比如：

```
select * from tbl_employee where last_name like '%${lastName}%'
```

由于${}是直接拼接方式，所以这样做是可以的，但是由于${}存在注入风险，所以不建议使用。

第二种方法是使用 bind。

```
<select id="getEmpsLikeName" resultMap="empResult">
    <bind name="_lastName" value="'%' + lastName + '%'" />
    SELECT * tbl_employee
    WHERE last_name LIKE #{_lastName}
</select>
```

通过 bind 将传入参数的属性 lastName 的值进行运算后的结果绑定到变量_lastName 上，在之后的 SQL 中引用_lastName 变量。

13.6.5　_databaseId 和_parameter

_databaseId 和_parameter 是 MyBatis 内置的两个参数。_databaseId 可以获取数据库厂

商的标识，_parameter 则表示传入参数的本身，如果是单个参数就是参数自己，如果是多个参数则_parameter 就是一个 Map。

在前边章节中讲述了 MyBatis 全局配置的 databaseIdProvider 参数，该参数用来设置数据库厂商的名称，用于支持多厂商数据库。对于 databaseIdProvider 的使用有两种方式，一种方式就是在 select、insert、update 和 delete 标签中增加属性 databaseId，但这种方式属于映射方法级，也就是说，该方法映射的 SQL 语句全部用于匹配 databaseId 指明的数据库。如果某个方法映射的 SQL 语句在两种数据库，比如说 MySQL 和 Oracle 中，绝大多数都相同，只有一点点差异，这个时候使用这种方法的话，需要写两个映射，而且映射里边基本都相同，这样就有些麻烦。针对这种情况，可以使用另外一种动态判断的方式在 SQL 语句中判断数据库，就是第二种方式，通过_databaseId 获取当前数据库厂商标识进行动态判断，这样就可以在一个映射中支持多个数据库。比如说，批量插入数据都是用多条 insert 语句的话，Oracle 比 MySQL 多了 begin 和 end，以及 id 的自动生成，用一个映射来实现，程序如下：

```
<insert id="addEmps">
<if test="_databaseId = 'oracle'"> begin</if>
        <foreach collection="emps" item="emp" separator=";">
    <if test="_databaseId = 'oracle'">
        insert into tbl_employee (id,last_name, email, gender)
        values   (sq_employeeid.nextval,#{emp.lastName},#{emp.email},#{emp.gender})
    </if>
<if test="_databaseId = 'MySQL'">
    insert into tbl_employee (last_name, email, gender)
    values (#{emp.lastName},#{emp.email},#{emp.gender})
</if>
</foreach>
<if test="_databaseId = 'oracle'">; end;</if>
</insert>
```

由于 databaseIdProvider 定义了 Oracle 数据库的厂商识别名称为“oracle”，和“oracle”进行比较，如果当前配置的数据源是 Oracle 数据库，则增加 begin 和 end 关键字，并且在 insert 中增加 id 的插入。

在讲述动态查询时，细心的读者可能会发现一个问题，映射方法没有处理传入的参数本身为空的情况，比如，传入一个空值可能就意味着需要查询所有记录。在这种情况下，可以使用_parameter 内置变量进行判断，比如：

```
<if test="_parameter == null">
  Do something
</if>
```

13.7 抽取可重用 SQL

映射文件中有一个 sql 元素，使用 sql 元素可以抽取一段 SQL 语句，通过 include 来引用。类似抽取一个公共方法，供其他方法调用。一个典型示例如下：

```
<sql id="sometable">
    ${prefix}Table
</sql>
<sql id="someinclude">
  from
  <include refid="${include_target}"/>
</sql>
<select id="select" resultType="map">
select
field1, field2, field3
<include refid="someinclude">
<property name="prefix" value="Some"/>
<property name="include_target" value="sometable"/>
</include>
</select>
```

上述例子中，定义了两个 SQL 段，分别是 sometable 和 someinclude，其中 someinclude 段中又引用了一个 SQL 段，这个段是用变量的形式给出的，该变量在 select 映射中的 include 中使用 property 定义。同样，第一个 SQL 段 sometable 也引用了一个变量 prefix。

上面的 select 语句最终的解析形式如下：

```
Select field1, field2, field3 from SomeTable
```

简言之，定义一个 SQL 段需要使用 sql 元素，其只有一个属性就是 id，用来被其他的 SQL 段或者映射引用。通过 include 引用定义的 SQL 段，其中 refid 的值就是被引用的 SQL 段的 id。在 include 中可以使用 property 定义变量，name 为变量名，value 为变量值，定义的变量可以在 SQL 段中引用，引用方法是${变量名}，需要注意的是不可以使用“#{}”方式引用。SQL 段中也支持 if 等动态 SQL。

13.8 OGNL 常用操作及转义符

13.8.1 OGNL 常用操作

在 MyBatis 中使用比较多的应该是 OGNL 的逻辑运算符。OGNL 支持多种形式的逻辑运算符，比如最常用的“&&”和“||”，不仅可以使用符号本身，还可以直接使用“and”

“or”关键字，在 XML 中“&”符号有特殊含义，因此如果使用“&&”做逻辑运算就需要进行转义，这样就不如直接使用“and”那么方便了。同样还有关系运算符，比如==、!=、>、>= 、<、<=，这些符号也依次对应于 eq、neq、gt、gte、lt、lte 关键字。另外还有诸如 in、not in 等运算符。

OGNL 中还可以调用对象方法以及类的静态域或者静态方法，调用方法如下：

访问对象属性：object.field

调用方法：object.method()

调用静态属性/方法：@ClassName@field/@ClassName@method()

调用构造方法：new com.hayee.mybatis.model.Employee()

需要注意的是，调用静态域或者静态方法时，类名应该是全类名。调用对象的域或者方法时，对象应该是传入的参数或者传入参数中携带的对象。

13.8.2　转义符

在映射文件中，需要转义的符号主要有“>”“<”和“&”等符号，在使用这三个符号时，有两种方法可以进行转义，一种是直接使用 XML 中的转义符号，比如用“<”代替“<”，用“>”代替“>”，用“&”代替“&”。另外一种方法是使用 XML 中的 CDATA 标记来解决，“<![CDATA[]]>”包含的句子将不会被 XML 解析。需要注意的是 CDATA 部分不能包含字符串 "]]>"，也不允许嵌套 CDATA 部分。标记 CDATA 部分结尾的 "]]>" 不能包含空格或折行。比如：

```
<![CDATA[where id > #{id} ]]>
```

13.9　存储过程

存储过程通常包含了一大段的 SQL 语句，这些语句先被数据库编译，之后调用存储过程就可以执行。存储过程通常用于复杂业务，而且可以被反复调用，因此存储过程是数据库操作中非常重要一种方法。

MyBatis 也支持存储过程的调用。调用存储过程时，需要使用 select 元素来调用，并且要设置 statementType 为 CALLABLE，然后使用 call 关键字调用存储过程，并指定存储过程的输入输出参数即可。下边编写一个简单的存储过程，根据 lastName 获取员工信息以及全体员工个数，在 MySQL 下的存储过程代码如下：

```
delimiter $$
    create procedure getEmpsProc(IN lastName VARCHAR(50),
        OUT empsCount INT)
    begin
        select count(*) from tbl_employee into empsCount;
        select * from tbl_employee where last_name = lastName;
    end $$
delimiter ;
```

映射如下：

```
<select id="getEmpsByNameFromProc" resultMap="empResult" statementType=CALLABLE>
{
  call getEmpsProc(
       #{lastName, jdbcType=VARCHAR, mode=IN},
       #{empsCount, jdbcType=INTEGER, mode=OUT}
  )
}
</select>
```

其中，JdbcType 可以参考 JDBCType 这个枚举类。

Dao 接口中的方法定义如下：

```
List<Employee> getEmpsByNameFromProc(Map<String, Integer> map);
```

调用接口代码如下：

```
Map<String, Integer> map = new HashMap<String, Integer>();
map.put("harry", 1);
//getMapper
…
EmployeeDao dao = session.getMapper(EmployeeDao.class);
List<Employee> emps = dao.getEmpsByNameFromProc(map);
//获取出参，员工个数
Integer empsCount = map.get("empsCount");
//遍历 emps 得到返回的员工信息
…
```

很多数据库的存储过程支持返回多个结果集，比如说在返回员工信息表的同时还返回部门信息表，MyBatis 也支持接收多个结果集，只需要在 resultMap 中给出多个结果集的名称，每个名称用“,”隔开。接口方法中需要使用 List<List<？>>这样的形式接收结果，MyBatis 会将每种结果集按照次序放入 List。感兴趣的读者可以自己验证这种情况。

13.10　缓存机制

MyBatis 有两级缓存，分别是一级缓存和二级缓存。

13.10.1　一级缓存

一级缓存(Local Cache)，即本地缓存，作用域默认为 sqlSession。当 Session flush 或 close 后，该 Session 中的所有 Cache 将被清空。本地缓存不能被关闭，但可以调用 clearCache() 来清空，或者改变缓存的作用域。通过修改 MyBatis 的全局配置参数 localCacheScope 可以改变缓存作用域。

一级缓存默认是 Session 级别，也就是说不同的 Session 不能共享一级缓存的数据。在同一个 Session 中，如果进行了一次查询，在本次 Session 未关闭前，再次调用同样的查询，并且期间并未发生增、删、改这样的影响数据的操作，则 MyBatis 会从缓存中获取数据，而不会下发 SQL 语句从数据库中获取。这中间可能隐含了一个问题，假设在这期间使用其他工具操作了数据库，实际修改了数据库的内容，那么 MyBatis 将不会得到同步更新。但是，如果 MyBatis 的不同 Session 进行了增、删、改，则缓存会被清除。

一级缓存在以下这几种情况下会失效，MyBatis 将重新从数据库获取内容：

- 进行了 Session 切换，即不同的 Session 进行同样的查询。
- 查询条件发生变化。
- 两次查询期间，本 Session 进行了增加、删除或者修改的操作，影响了数据库中数据。
- 手动调用 Session 的 clearCache()方法清除了缓存。

13.10.2 二级缓存

二级缓存(Second Level Cache)，即全局缓存，作用域基于 nameSpace，就是映射文件中的 nameSpace，不同的 nameSpace 其查询的数据放在各自的缓存中。二级缓存可以通过全局配置参数 cacheEnabled 来关闭或者开启，默认为开启。该开关开启后，还需要在映射文件中进行配置，才能使用二级缓存。映射文件中的配置很简单，通常情况下只需要增加一对 Cache 标签即可：

```
<cache></cache>
```

Cache 还有一些属性，主要有 eviction、flushInterval、size 和 readOnly。

eviction：表示缓存策略，取值有 LRU、FIFO、SOFT 和 WEAK，默认为 LRU。

- LRU：最近最少使用的，移除最长时间不被使用的对象。
- FIFO：先进先出，按对象进入缓存的顺序来移除它们。
- SOFT：软引用，移除基于垃圾回收器状态和软引用规则的对象。
- WEAK：弱引用，更积极地移除基于垃圾回收器状态和弱引用规则的对象。

flushInterval：刷新缓存的时长，单位为毫秒，默认值为不刷新。

size：设置缓存对象的个数，默认为 1024。

readOnly：true/false，默认为 false。当取值为 true 时，MyBatis 会认为所有调用者都不会修改对象，所以给所有的调用者返回缓冲中的同一个实例，也就是说如果某个调用者修改了对象内容，则其他调用者也将得到该调用者修改后的内容，因此这种操作不安全，但存取速度比较快。若为 false 时，则 MyBatis 会通过反序列化为每一个调用者返回一份拷贝。

另外还可以通过 type 来指定自定义的缓存，将自定义缓存的全类名赋给 type。自定义缓存需要实现 MyBatis 的 Cache 接口。

要使用二级缓存，所缓存的 POJO 对象必须实现 Serializable 接口。另外，需要注意的是二级缓存在 SqlSession 关闭或提交之后才会生效，因此查询出来的数据是先放在一级缓存中的。

13.10.3　缓存的设置选项

cacheEnabled：全局配置参数，默认为 true，只针对二级缓存有效。

localCacheScope：全局配置参数，一级缓存的作用域，默认为 Session 级。如果取值为 STATEMENT 则会话中没有一级缓存。

useCache：在 select 标签中，可以使用 useCache=false 来关闭该 select 查询的二级缓存，该属性默认为 true。

flushCache：增加、删除及修改操作中的 flushCache 属性，如果该属性为 true，则在增加、删除和修改后，一二级缓存会同时清空。查询的 flushCache 默认为 false。

sqlSession.clearCache 方法只清除当前 Session 的一级缓存，另外，缓存作用域如果发生了增、删、改操作，则一二级缓存被清除，这是由于 flushCache 的默认值为 true 所决定的。

13.10.4　三方缓存的整合

尽管 MyBatis 提供了缓存功能，但这个功能相对比较弱，并且也不支持分布式缓存，但 MyBatis 提供了可以对现有成熟的 Cache 第三方组件进行整合的接口，比如 Ehcache、Redis 等，具体整合方法可以参考 Github 上 MyBatis 项目的官方地址。

Github 上 MyBatis 顶级项目的官方地址如下：

https://github.com/mybatis

比如，和 Redis 整合的相关项目地址如下：

http://www.mybatis.org/redis-cache/

在这个地址上，可以下载相关压缩包和整合 Redis 的相关文档。

13.11　插件应用及分页插件 PageHelper

13.11.1　插件应用

前边章节提到过，MyBatis 有四大核心对象，正是通过这四大核心对象完成与数据库的交互，这四大核心对象是：

- Executor：执行器，调度 ParameterHandler、ResultSetHandler 和 StatementHandler 执行。
- ParameterHandler：参数处理。
- ResultSetHandler：结果集处理。
- StatementHandler：使用数据库的 Statement 或者 PreparedStatement 执行操作。

通过实现 Interceptor 接口，就可以对四大核心对象方法进行拦截，这样就能对要执行的 SQL 语句或者参数进行一些修改等。关于插件的运行原理以及开发技术，感兴趣的读者可参阅 MyBatis 官方文档，在这里介绍插件的目的是让读者学会如何使用一些基于插件接口开发的第三方插件，比如分页插件。

13.11.2　分页插件 PageHelper

分页操作是一个重要的常用操作，如果使用 MySQL 数据库，则可以使用 Limit 关键字进行分页查询，如果是 Oracle 数据库，要实现分页查询就比较麻烦。即使 MySQL 可以使用 Limit 进行分页，但也不够灵活，因此，我们要讲述一个比较优秀的分页插件 PageHelper。PageHelper 的 gitHub 地址在：https://github.com/pagehelper/Mybatis-Page Helper。

在这个页面中，我们可以下载 PageHelper 相关 JAR 包以及使用文档。PageHelper 的功能非常强大和灵活，下面简要讲述其一般应用，关于其更详细和高级的用法，请参考官方地址的使用手册。

使用 PageHelper 需要三个步骤：第一步在 pom 中配置依赖；第二步在 MyBatis 的全局配置文件中使用 Plugin 标签进行注册；第三步在调用查询接口之前调用 PageHelper 相关方法。

(1) 在 pom 中增加如下依赖：

```
<dependency>
        <groupId>com.github.pagehelper</groupId>
        <artifactId>pagehelper</artifactId>
        <version>x.x.x</version>
</dependency>
```

(2) 在 MyBatis 全局配置文件中注册 PageHelper 插件：

```
<plugins>
        <!-- com.github.pagehelper 为 PageHelper 类所在包名 -->
        <plugin interceptor="com.github.pagehelper.PageInterceptor">
                <!--  使用下面的方式配置参数-->
                <property name="param1" value="value1"/>
</plugin>
</plugins>
```

plugin 中可以使用 property 设置 PageHelper 的属性，具体可参考官方文档。

(3) 调用 PageHelper 的方法：代码中调用 PageHelper 的方法有很多种，下边以一种简单的方式来调用。

```
session = sqlSessionFactory.openSession();
EmployeeDao dao = session.getMapper(EmployeeDao.class);
PageHelper.startPage(1, 10);
List<Employee> emps = dao.getEmpAll();
```

上边的代码中，通过调用 PageHelper 的静态方法 startPage，执行查询获取第一页数据，按照 10 条记录来分页。使用 PageInfo 包装查询结果后，可以获取分页的更详细信息，诸如总页数、是否为最后一页等，如下：

```
session = sqlSessionFactory.openSession();
EmployeeDao dao = session.getMapper(EmployeeDao.class);
PageHelper.startPage(1, 10);
```

```
List<Employee> emps = dao.getEmpAll();
PageInfo page = new PageInfo(emps);
//测试 PageInfo 全部属性，PageInfo 包含了非常全面的分页属性
assertEquals(1, page.getPageNum());
assertEquals(10, page.getPageSize());
assertEquals(1, page.getStartRow());
assertEquals(10, page.getEndRow());
assertEquals(183, page.getTotal());
assertEquals(19, page.getPages());
assertEquals(1, page.getFirstPage());
assertEquals(8, page.getLastPage());
assertEquals(true, page.isFirstPage());
assertEquals(false, page.isLastPage());
assertEquals(false, page.isHasPreviousPage());
assertEquals(true, page.isHasNextPage());
```

13.12　批量操作

在动态 SQL 中讲述了如何使用 foreach 进行批量插入。这种插入方法有一个限制，因为其本质上是通过拼接一个很长的 SQL 语句来完成的，使用这种方式插入少量数据是可以的，但如果插入成千上万条记录，就很有可能会出现问题。因为每种数据库对于每次执行的 SQL 语句的长度是有限制的，超过限制后，便会执行出错。针对这种情况需要将这些 SQL 进行分段，保证其不能超过数据库的长度限制。MyBatis 通过批量操作类型的 Session 完全保证了批量插入正确性。使用批量操作的方法很简单，只需要在打开 Sesssion 时传入 ExecutorType.BATCH 参数就可以进行批量操作。

```
session = sqlSessionFactory.openSession(ExecutorType.BATCH);
EmployeeDao dao = session.getMapper(EmployeeDao.class);
for (int i = 1; i < 100000; i++){
   Employee emp = new Employee();
   emp.setLastName("Tom" + i);
   emp.setEmail("Tom" + i + "@hayee.com");
   emp.setGender("1");
   dao.addEmp(emp);
}
session.commit();
```

上述的代码在一个 for 循环中插入十万条记录，但是在 commit 执行前，MyBatis 并不会发单条 SQL 语句去执行，而是将参数准备好，当执行 commit 时，这些记录才会被插入到数据库中。

第 14 章　Spring Boot

14.1　Spring 及 Spring Boot 概述

14.1.1　Spring 简介

单从名字上看，Spring Boot 一定与 Spring 有着千丝万缕的联系，事实上正是如此。尽管可以直接学习和使用 Spring Boot，但在这之前还是有必要了解一下 Spring 框架的发展历史及概念。

在谈及 Spring 框架时就必须提及 Java EE 体系，而 EJB 正是 Java EE 的核心。尽管 Java EE(之前也被称为 J2EE)带来了诸如事务管理之类的核心中间层概念的标准化，但是在实践中并没有获得绝对的成功，开发难度太大是一个非常重要的原因。EJB 的学习曲线非常陡峭，加上其庞大的体系，其中的很多概念对于初学者来说都不太容易理解。Spring 就是在这种背景之下出现的，其初衷就是提供更简单的形式替代 EJB，最终 Spring 取得了成功。

Spring 最初来自 Rod Johnson 所著的一本很有影响力的书籍 *Expert One-on-One J2EE Design and Development*，在这本书中第一次出现了 Spring 的一些核心思想。另外一本书 *Expert One-on-One J2EE Development without EJB*，更进一步阐述了在不使用 EJB 开发 Java EE 企业级应用的一些设计思想和具体的做法。

14.1.2　Spring MVC

在提到 Spring 框架时几乎会同时提到 Spring MVC(Model-View-Controller，模型-视图-控制器)。Spring MVC 是一个 Web 应用开发框架，在一段时间内几乎成为了 Spring 的代称，尽管 Spring 框架并不仅仅只是为了开发 Web 应用。Spring MVC 框架在 Web 应用开发中可谓是大名鼎鼎、一枝独秀。采用 Spring MVC 框架可以构建更灵活和松耦合的 Web 应用程序。

Spring MVC 流程框架如图 14-1 所示。

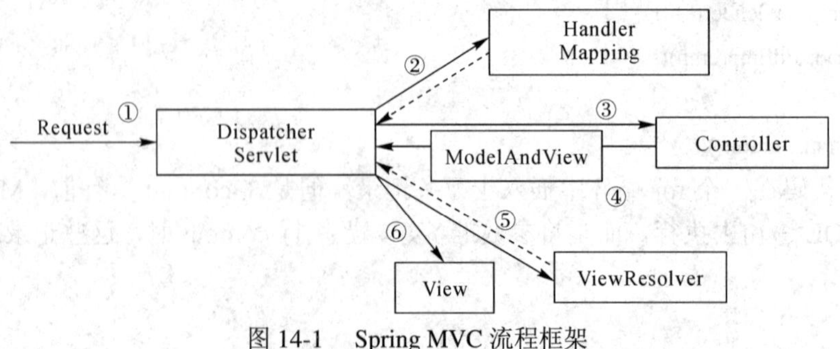

图 14-1　Spring MVC 流程框架

就这个流程简单来说，Spring MVC 收到浏览器请求后，通过 Mapping 找到对应的 Controller；Controller 处理业务逻辑，处理结束后的数据信息(被称为 Model)并不能直接返回前端，而是要交给视图(视图可能是 jsp 或者其他形式)；视图使用模型数据进行渲染输出，输出通过响应对象传递给客户端。

14.1.3　DI 和 AOP

DI(Dependency Injection，依赖注入)和 AOP(Aspect-Oriented Programming，面向切面编程)是 Spring 框架的两大核心。DI 和 AOP 单纯从概念上理解比较抽象。简单来讲，DI 就是组件以一些预先定义好的方式(如 setter 方法)接受来自容器的资源注入。在 Spring 4 之前，还经常会提到 IOC(Inversion of Control，控制反转)，其思想是反转资源获取的方向。传统的资源查找方式要求组件向容器发起请求查找资源，作为回应，容器适时地返回资源；而 IOC 则是容器主动地将资源推送给它所管理的组件，组件所要做的仅是选择一种合适的方式来接收资源；这种行为也被称为查找的被动形式。其实 DI 和 IOC 是同一种事情的两种说法，现在 IOC 逐渐不再被提及。

下面举例来说明 DI 的应用场景。如果要编写某个类，比如 ClassA，这个类中要实例化一个对象，而这个对象的类型是一个接口类型，如 ItfA。但是，实现 ItfA 接口的类很多，我们并不知道到底需要哪一个实现类(可能需要根据配置才可以知道)，所以实现起来就比较困难(当然可以通过代理的技术来实现，事实上 Spring 框架也正是这样做的)。这种情况下 DI 就派上用场了，Spring 框架在初始化时，通过配置文件或者配置类，可以找到适合的实现了 ItfA 接口的某个类，比如 ClassC，然后创建 ClassC，并将它 set 到要使用它的类 ClassA 中。

AOP 是一种新的方法论，是对传统 OOP(Object-Oriented Programming，面向对象编程)的补充。AOP 的主要编程对象是切面(aspect)，而切面模块化横切关注点。同样地，这个概念也较难理解。例如，某个方法 methodA，在执行这个方法前或方法后，需要增加一些处理，如需要记录一些日志信息，传统的方法就是在调用这个方法前后分别增加一堆处理代码。但是有了 AOP 之后，就可以减少这些冗余代码，只需要定义一个切面，将这些需要执行的方法关联起来，这样当 methodA 被调用时，切面中的方法就会被调用。

14.1.4　Spring Boot 简介

尽管 Spring 框架非常优秀，但是随着 Spring 生态圈的不断发展，Spring 每集成一个开源软件，就需要增加一些基础配置，随着项目越来越庞大，往往需要集成更多开源软件，因此需要引入非常多的配置，而太多的配置难以理解，并且容易配置出错。尽管 Spring 3 引入了基于注解的配置，但仍难以摆脱配置上的烦琐和复杂，以至于 Spring 有了“配置地狱”的称号。Spring 似乎也意识到了这些问题，急需一套软件来解决这些问题。在此背景下，2014 年 4 月，Spring Boot 1.0.0 发布。

Spring Boot 是由 Pivotal 团队提供的全新框架，其设计目的是简化新 Spring 应用的初始搭建以及开发过程。该框架使用了特定的方式来进行配置，从而使开发人员不再需要定义样板化的配置。

Spring Boot 诞生之初，就受到开源社区的持续关注，陆续有一些个人和企业尝试着使用

Spring Boot，并迅速喜欢上了这款开源软件。直到 2016 年，Spring Boot 才在国内被使用起来。截至 2018 年，Spring Boot 已经成为热门的 Web 开发框架。需要注意的是，Spring Boot 不是为了取代 Spring，Spring Boot 基于 Spring 开发，是为了让人们更容易地使用 Spring。

14.2　Http 编程基础

14.2.1　概述

一个 Web 应用通常由客户端浏览器、前端页面、后端服务以及 Web 容器组成。浏览器是指 IE、Chrome 等；Web 容器主要是指 Tomcat；前端页面包括 jsp 或者其他形式的页面，这些页面用来在浏览器中展示；后端服务则是整个 Web 应用的逻辑、业务处理核心。Web 应用通过 HTTP 协议进行通信。

14.2.2　Http 请求和响应

1. Http 请求

每个 Http 请求都会有一个请求方法，HTTP1.1 中支持的方法包括 GET、POST、HEAD、OPTIONS、PUT、DELETE 和 TRACE。在较新的 HTTP 版本中还增加了 PATCH 方法。之前 Web 应用中最常用的是 GET 和 POST，但是随着 Restful 接口的流行，DELETE 和 PUT 方法也逐渐被广泛使用。

从实现的角度来讲，任何一种 Http 请求都可以使用 POST 方法来完成，既然这样，为什么还要定义 GET、DELETE 等方法呢？这主要是从接口的可理解性、可维护性等方面来考虑的，因此在编程当中要避免从头到尾全篇使用 POST 来解决所有问题的方案。在 Restful 接口规范编程中，对于接口的规范使用也有比较明确的要求，这样就可以从接口中很清晰地理解接口的行为。

如果从数据库操作的角度来理解 Restful 接口，那么 GET、POST、PUT 和 DELETE 相当于分别代表了查询、添加、修改和删除。当然，Restful 并不仅仅只是狭义上针对数据库的操作定义，但这种方式也基本能代表大多实际的 Web 应用。

一个 Http 请求包含请求行、请求头(Request headers)和请求数据(Entity body)三个部分。Http 请求的格式如图 14-2 所示。

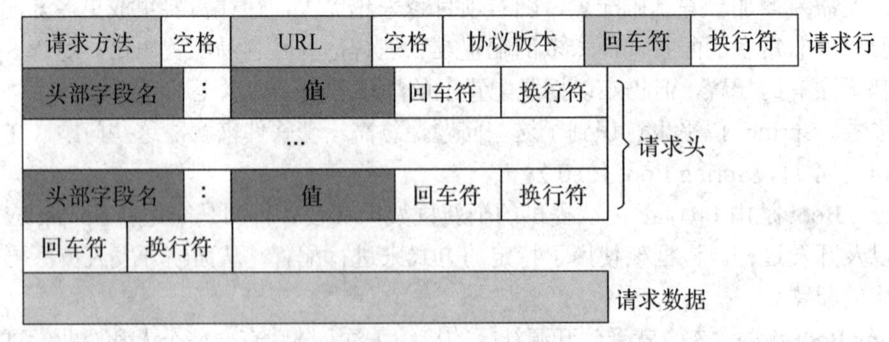

图 14-2　Http 请求的结构

需要特别注意的是，请求头和请求数据之间使用一个空行隔开。请求行就是第一个行，在请求行和请求数据之间的是请求头。

请求行中包括请求方法、URL 和协议版本，每个字段之间使用空格隔开。请求头中主要包括一些与客户机相关的信息以及请求参数。另外，如果有请求数据的话，还需要指出请求数据的相关信息，使用 Content 前缀的相关关键字来标识，比如 Content-Type、Content-Length 等。

下面是一个 POST 方法的请求示例：

```
POST / HTTP1.1
Host:www.hayee.com
User-Agent:Mozilla/4.0 (compatible; MSIE 6.0; Windows NT 5.1; SV1; .NET CLR 2.0.50727; .
NET CLR 3.0.04506.648; .NET CLR 3.5.21022)
Content-Type:application/x-www-form-urlencoded
Content-Length:40
Connection: Keep-Alive
name=Professional%20Ajax&publisher=Secret
```

2. Http 响应

Http 响应由状态行、消息报头、响应正文三部分组成。其中，状态行就是第一行，状态行由 HTTP 协议版本号、状态码和状态消息三部分组成；消息报头里包括了客户端需要使用的说明信息以及如何解析响应正文等；响应正文就是返回给客户端的信息。响应正文和消息报头之间使用一个空行分隔。

在状态行中的状态码告诉本次请求的响应状态，正常情况下会返回 200，表示状态正常。常见的状态码如下：

200 OK：客户端请求成功。

400 Bad Request：客户端请求有语法错误，不能被服务器所理解。

401 Unauthorized：请求未经授权，这个状态代码必须和 WWW-Authenticate 报头域一起使用。

403 Forbidden：服务器收到请求，但是拒绝提供服务。

404 Not Found：请求资源不存在。

500 Internal Server Error：服务器发生不可预期的错误。

503 Server Unavailable：服务器当前不能处理客户端的请求。

14.2.3　HttpServletRequest 和 HttpServletResponse

在 Web 应用中有两个非常重要的对象是 HttpServletRequest 和 HttpServletResponse。从名字上也能看出，一个是 Http 请求，另一个是 Http 响应。Http 请求包括浏览器的请求信息，如 URL、请求参数等；Http 响应则包括响应码以及相关数据信息。当 Web 服务器收到一个 http 请求时，会针对每个请求创建一个 HttpServletRequest 和 HttpServletResponse 对象。之后将客户端的请求信息封装在 HttpServletRequest 对象中，服务端程序填充

HttpServletResponse 对象信息，服务器再将它发送给客户端。

(1) HttpServletRequest：提供了许多方法来获取 Http 请求中的各种信息，包括 URL、客户端信息、参数以及实体数据。常用的方法如下：

getRequestURL()：获取完整的 URL。

getRequestURI()：获取资源名部分。

getQueryString()：获取请求行中的参数部分。

getRemoteAddr()：获取客户机的 IP 地址。

getRemoteHost()：获取客户机的完整主机名。

getRemotePort()：获取客户机所使用的网络端口号。

getLocalAddr()：获取 Web 服务器的 IP 地址。

getLocalName()：获取 Web 服务器的主机名。

getMethod()：获取客户机请求方式。

getServerPath()：获取请求的文件的路径。

getHeader(string name)：根据 name 获取请求头中 name 的 value。

getHeaders(String name)：根据 name 获取请求头中 name 的多个 value。

getHeaderNames()：获取请求头所有的 name。

getParameter(name)：获取请求中的参数，该参数是由 name 指定的。

getParameterValues(String name)：获取指定名称参数的所有值数组。它适用于一个参数名对应多个值的情况。

getParameterNames()：获取一个包含请求消息中所有参数名的 Enumeration 对象。通过遍历这个 Enumeration 对象，就可以获取请求消息中所有的参数名。

getCharacterEncoding()：获取请求的字符编码方式。

getAttributeNames()：获取当前请求的所有属性的名字集合赋值。

getAttribute(String name)：获取 name 指定的属性值。

getParameterMap()：获取一个保存了请求消息中所有参数名和值的 Map 对象。Map 对象的 key 是字符串类型的参数名，value 是这个参数所对应的 Object 类型的值数组。

getReader()：获取请求体的数据流。

getInputStream()：获取请求的输入流中的数据。

(2) HttpServletResponse：主要提供设置响应消息的一些方法。常用方法如下：

addHeader(String name，String value)：将指定的名字和值加入到响应的头信息中。

encodeURL(String url)：编码指定的 URL。

sendError(int sc)：使用指定状态码发送一个错误到客户端。

setHeader(String name，String value)：将给出的名字和值设置响应的头部。

setStatus(int sc)：给当前响应设置状态码。

getOutputStream()：字节输出流对象。

getWriter()：字符输出流对象。

14.3　Spring Boot 开发模式

14.3.1　前后端分离

Web 应用开发中，如何前后端彻底解耦一直是让人比较困惑的事情。尽管 Spring MVC 架构对前后端进行了一定的解耦，但并未做到彻底的解耦。作为一个后端开发人员，时常需要钻入 JSP、HTML 当中，而作为一个前端开发人员，也需要了解后端的代码。前面提到 Spring Boot 建立在 Spring 基础之上，因此 Spring Boot 理所当然地支持 Spring MVC 开发模式。

得益于前端技术的快速发展，后端 MVC 的模式逐渐过渡到了 MC 模式，后端不再需要解析视图和渲染视图，也就是把这些工作全部交给了前端，这就是所谓的大前端模式。在这种大前端模式下，前后端实现了真正意义上的彻底分离，前后端均只需要面对接口，通过 JSON 格式进行数据交换。后端开发人员不需要了解前端的实现，即便是简单的 HTML 也无需了解，要做的只是完成业务逻辑。同样，前端开发人员也不需要了解任何后端的代码，只需要按照后端提供的接口进行视图解析渲染即可。这样的分离也为测试提供了极大的方便，后端人员无需依赖前端就可以进行独立测试，使用诸如 Swagger、Postman 等辅助测试工具可以很方便地完成业务全流程测试。

本章主要讲述 Web 后端编程方法，至于前后端采用 JSON 格式进行交互，前端的主流框架主要有 VUE、React 等内容，感兴趣的读者可以参阅相关资料。

14.3.2　Spring Boot Web 应用分层

一个典型的 Spring Boot Web 应用通常可以划分为三个层，分别是 Controller 层、Service 层和 Dao 层。

Controller 层是 HTTP 的接口层，接收 Http 请求，并返回 Http 响应。在 Spring Boot 框架中，接收请求中的参数、请求数据以及返回响应都非常简单，通过各种注解就可以很方便地获取。在返回响应时，如果不需要做文件上传之类的复杂工作，直接返回处理后的对象即可，Spring Boot 会将对象自动转换为 JSON 格式封装到响应对象中。

Service 层处理业务逻辑本身，为 Controller 层提供服务。

Dao 层提供数据访问操作，通常提供数据库操作方法。

14.3.3　Spring Boot 启动类

Spring Boot 应用需要一个启动类，启动类的 main 方法只需要调用 SpringApplication.run 方法即可。需要注意的是，通常情况下，要将 Spring Boot 启动类放在应用的包的最外边。一个 Spring Boot 启动类的 main 方法可能如下：

```
public class ColybaApplication {
    public static void main(String[] args) {
        SpringApplication.run(ColybaApplication.class, args);
```

```
        System.out.println("Colyba start ok...");
    }
}
```

14.4　Spring Boot 注解

Spring Boot 应用中需要使用大量的注解，对于初学者，这些注解往往使人望而生畏。要想真正挖掘这些注解背后的工作流程和原理，需要努力研读 Spring Boot 源码。但如果仅仅只是想使用它们，工作就变得比较简单了。

在 Spring Boot 应用的注解中，既有 Spring Boot 自身的注解，也有 Spring MVC 的注解，还有 Java EE 注解。另外，还有许许多多第三方组件的注解。当然，开发项目引入第三方组件是必不可少的一件事。

要将 Spring Boot 注解厘清并不是一件容易的事情，本节首先列举常用的注解，然后结合示例程序讲述这些注解的用法。

14.4.1　Component 和 ComponentScan

Component 和 ComponentScan 注解来自 Spring MVC，同样也是 Spring Boot 的核心注解。Component 注解用于某一个类之上，用来告诉 Spring Boot 在应用启动时创建这个类。这个注解的作用就是定义创建该类的类名。通常情况下，如果没有特殊应用场景，则不需要给出名字。在这种情况下，Spring Boot 会将创建的类的实例名命名为该类对象名，并将首字母小写。和 Component 注解有相似功能的是 Bean 注解，Bean 注解来自于 Java EE。这两个注解最大的区别在于：Bean 注解用于方法之上，告诉 Spring Boot 框架，调用该方法创建一个类实例。

前边有关注解的章节讲述了注解的原理。声明一个注解仅仅定义了一个接口，没有做实质性工作。正因为这个神奇的特点，注解被程序员昵称为“魔法”，意思是明明什么都没有做，仅仅只是加了个注解，就完成了很多功能(其实并不是注解有什么魔法，而是注解背后那些大量的复杂代码帮助完成了这些功能)。

ComponentScan 注解的作用是告诉 Spring Boot 框架启动时需要从哪个包开始扫描。Spring Boot 在启动时，就会根据 ComponentScan 指定的包路径开始搜索，包括所有的子包，搜索 Spring Boot 框架的注解，然后完成这些注解所指定的功能。简单地讲，Spring Boot 启动时所要完成的工作主要就是创建或实例化类。

Spring Boot 可以使用 ComponentScan 指定扫描包，也可以使用 SpringBootApplication 注解的 scanBasePackages 方法来替代。

14.4.2　Autowired

Autowired 也来自 Spring MVC，同样也是 Spring Boot 的核心注解。Autowired 用于域、方法和构造器上，但多用于域和 setter 方法。Autowired 的作用就是注入(Inject)，也就是将创建的类或者实例化的对象赋值给需要的域或者 setter 方法中。

14.4.3 SpringBootApplication

SpringBootApplication 是一个复合注解，主要包括 SpringBootConfiguration、ComponentScan 和 EnableAutoConfiguration 和注解，用于 Spring Boot 启动类。SpringBootApplication 注解启动了 Spring Boot 自动配置、组件扫描等，简化了注解形式。

14.4.4 Service、Configuration 和 Repository

Service、Configuration 和 Repository 这三个注解分别用于 Service 类、配置类和数据访问类。但是查看这三个注解的源码就会发现，其实这三个注解只是封装了 Component 注解，因此从使用功能的角度来讲，使用 Component 注解替代这三个注解是没有任何问题的。之所以定义这三个注解，是为了让人们更容易理解程序的结构层次。

14.4.5 控制器层相关注解

控制器层的相关注解主要有 Controller、ResponseBody、RequestMapping、XxxMapping 以及 RequestXxx 注解等。Controller 注解告诉 Spring Boot 这个类是一个控制器类，Http 请求将会由该类处理。ResponseBody 注解表示 Controller 的方法返回结果直接写入 HTTP Response Body 中。如果没有 ResponseBody 注解，则返回结果会被解析为跳转路径。在前面已提到过，Spring Boot 更倾向于直接返回对象，让前端做视图渲染，因此在 Spring Boot 中提供了 RestController 注解，RestController 注解则复合了 Controller 和 ResponseBody 注解。

RequestMapping、XxxMapping 是 Http 路径请求映射。其中，XxxMapping 表示各种方法的映射，如@GetMapping、@PostMapping 等。例如，@RequestMapping("/colyba")，@GetMapping("/getAllEmps")。

Request Xxx 注解的作用就是从 Http Request 中获取各种请求数据，如@RequestParam、@RequestBody 等。在 Rest 风格中，还有@PathVariable 注解，可以从路径中解析出请求参数。

14.4.6 ConfigurationProperties 和 Value

ConfigurationProperties 和 Value 这两个注解可以从配置文件中读取属性，并将其注入到类或者域。其中，ConfigurationProperties 用于类，Value 用于域。

后面的示例程序中并没有使用这两个注解，但这两个注解也非常重要，因此下面详细介绍这两个注解的用法。

ConfigurationProperties 最常用的方法是 Prefix。Prefix 指出配置文件中各属性的前缀标识，这样 Spring Boot 就会在配置文件中搜索这些前缀开始的属性匹配 ConfigurationProperties 注解标识的类的域，匹配成功后，将配置文件中的属性值注入类中的域。

假设要创建一个线程池的配置类，代码如下：

```
@Configuration
```

```
@ConfigurationProperties(prefix = "myThread.threadpool")
public class MyThreadPoolConfig {
    // 线程池最小线程数
    private int corePoolSize;
    // 线程池最大线程数
    private int maxPoolSize;
    // 线程允许空闲时长
    private int keepAliveSeconds;
    // 线程队列大小
    private int queueCapacity;
    // 线程名称前缀
    private String threadNamePrefix;

    public int getCorePoolSize() {
        return corePoolSize;
    }
    public int getKeepAliveSeconds() {
        return keepAliveSeconds;
    }
    public int getMaxPoolSize() {
        return maxPoolSize;
    }
    public int getQueueCapacity() {
        return queueCapacity;
    }
    public String getThreadNamePrefix() {
        return threadNamePrefix;
    }
    public void setCorePoolSize(final int corePoolSize) {
        this.corePoolSize = corePoolSize;
    }
    public void setKeepAliveSeconds(final int keepAliveSeconds) {
        this.keepAliveSeconds = keepAliveSeconds;
    }
    public void setMaxPoolSize(final int maxPoolSize) {
        this.maxPoolSize = maxPoolSize;
    }
    public void setQueueCapacity(final int queueCapacity) {
        this.queueCapacity = queueCapacity;
```

```
    }
    public void setThreadNamePrefix(final String threadNamePrefix) {
        this.threadNamePrefix = threadNamePrefix;
    }
}
```

在配置文件中，有如下配置(这里不关注该配置格式，配置文件格式将在后面讲述)：

```
#myThread
myThread:
threadpool:
    corePoolSize: 5
    maxPoolSize: 50
    keepAliveSeconds: 300
    queueCapacity: 10
threadNamePrefix: report
```

由于 MyThreadPoolConfig 类增加了@Configuration 和@ConfigurationProperties(prefix = "myThread.threadpool")注解，因此 Spring Boot 将自动创建这个类，并且将配置文件中配置的属性的值注入创建的类。

与 ConfigurationProperties 不同的是，Value 注解只用在域上，一次只能读取一个属性。Value 的用法如下：

```
@Value("${myThread.threadpool.corePoolSize}")
private int corePoolSize;
```

这样 Spring Boot 就会将配置文件中 myThread.threadpool.corePoolSize 的值注入到 corePoolSize 中。需要注意的是，如果需要使用 Value 注解进行注入，则该类必须被 SprintBoot 管理。也就是说，该类上应该包括 Component 注解。

14.5 Spring Boot 配置文件

14.5.1 概述

Spring Boot 框架的初衷就是消灭 Spring 框架烦琐的配置文件，而且它确实做到了。如果项目都使用默认设置，则不需要任何配置文件，但作为一个项目，必然会用到很多第三方组件，这些组件都需要配置文件进行配置，因此 Spring Boot 提供了简单易用的配置文件管理。

Spring Boot 支持两种格式的配置文件：一种是传统的.properties 文件，另一种是.yml 格式文件。这两种格式相比没有绝对意义上的好坏，仅与程序员的使用偏好有关。相对来说，喜欢新技术的程序员更倾向于使用.yml 格式。

14.5.2 yaml 文件

Properties 文件非常简单，使用“=”来表示键值对。yml 是 yaml(yet another markup

language)格式文件的后缀名。yaml 文件使用缩进来表示层次，用“：”和空格来隔开键和值(一定不能忘记这个空格)，使用“-”和空格来表示列表，层级的缩进空格数没有规定，但同一层级的缩进空格数必须相等。yaml 文件还可以使用其他方式来表示数组、Map 等，具体可参阅相关资料。

```
myThread:
    threadpool:
    corePoolSize: 5
    maxPoolSize: 50
    keepAliveSeconds: 300
    queueCapacity: 10
threadNamePrefix: report
```

上面的 yml 描述相当于如下的 properties 文件描述：

```
myThread.threadpool.corePoolSize=5
myThread.threadpool.maxPoolSize=50
myThread.threadpool.keepAliveSeconds=300
myThread.threadpool.queueCapacity=10
myThread.threadNamePrefix=report
```

14.5.3　application

application.yml 和 application.properties 是 Spring Boot 的全局配置文件。Spring Boot 启动时会首先读取 application 文件来获取相关配置文件信息。如果同时存在 yml 和 properties 文件，或者在不同路径下都有相同的配置文件，应该以哪个文件为基准？通常情况下，properties 的优先级高于 yml；不同路径同一配置的情况下，Spring Boot 使用高优先级覆盖低优先级配置，优先级从高到低的顺序如下：

file:./config/(当前项目路径 config 目录下)。

file:./(当前项目路径下)。

classpath:/config/(类路径 config 目录下)。

classpath:/(类路径下)。

尽管这里给出了优先级的高低，就像与其纠结运算符优先级的高低还不如增加括号来解决问题一样，项目中应该避免这种冗余配置情况的存在。

Spring Boot 也提供了一些可配置的参数，但常用的并不太多，主要有 spring.profiles 和 server 属性。spring.profile 用来指定激活或者包括的配置文件，server 主要用来指定启动的端口。

```
spring:
application:
    name: colyba
profiles:
    active: dev
```

在这个 application.yml 文件中，使用 spring.profiles.active 指定了 Spring Boot 需要激活的配置文件(在这里要激活 application-dev.yml)。需要注意的是，使用 profiles 管理时，这些配置文件命名应该遵守类似 application-xxx.yml 的格式(yaml 还可将多个文件的内容放在一个文件中管理，使用“---”分节符分节，并给出每节的名称，具体可参阅相关资料)。application-dev.yml 文件中有如下定义：

```
spring:
profiles:
    include:
        - db
server:
port: 16888
```

使用 spring.profiles.include 指出还需要包括哪些配置文件，本例中还需要包括 application-db.yml。当包括多个文件时，若采用上述写法，则每个文件应独占一行，使用“-”和空格将文件关键字隔开。

这个文件中还用 server.port 属性指定该应用的启动端口是 16888。如果不指定，则 Spring Boot 默认启动端口是 8080。

14.6　Spring Boot 开发示例

14.6.1　示例项目 Colyba

在本节中，通过开发一个简单的 Web 应用项目讲解 Spring Boot 实际应用。这个项目使用 Spring Boot 和 MyBatis 来完成。我们将这个项目命名为 Colyba。Colyba 是一个简单的雇员信息系统，通过 Colyba 可以对 Employee 信息进行增加、删除、修改、查询、导入和导出。详细功能描述如下：

增加员工：增加新的员工记录，支持批量增加。

删除员工：根据员工 ID，删除员工记录，支持批量删除。

修改员工：根据员工 ID，对员工信息进行修改，支持批量修改。

查询员工：根据员工的各种信息进行综合查询。

导入：可以通过导入 Excel 文件的方式，进行员工信息的批量增加和修改。

导出：将员工信息或者符合查询条件的员工信息导出到 Excel 文件。

14.6.2　创建 Colyba 框架

Spring Boot 应用框架可以使用 STS 的向导来创建，在使用该向导创建时需要接入互联网。另外，由于项目还需要 Maven 下载大量的 Spring Boot 框架的 Jar 包以及项目中用到的第三方组件 Jar 包，因此在这里只讲述接入互联网环境下的项目创建开发过程。如果离线创建和开发，则需要提前将大量的 Jar 包手动加入到 Maven 的本次仓库，整个过程非常烦琐。

点击 File 菜单的 New 中的 Spring Starter Project，如图 14-3 所示。

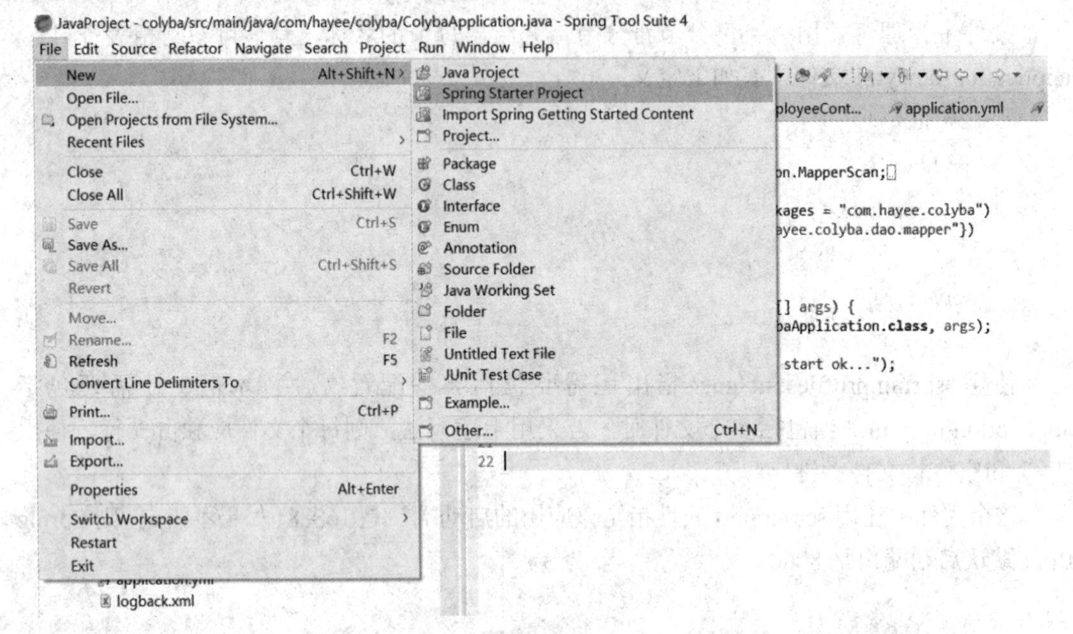

图 14-3　创建 Spring Boot 项目(1)

之后 STS 需要访问 https://start.springio，连接成功后，将会弹出如图 14-4 所示的窗口。

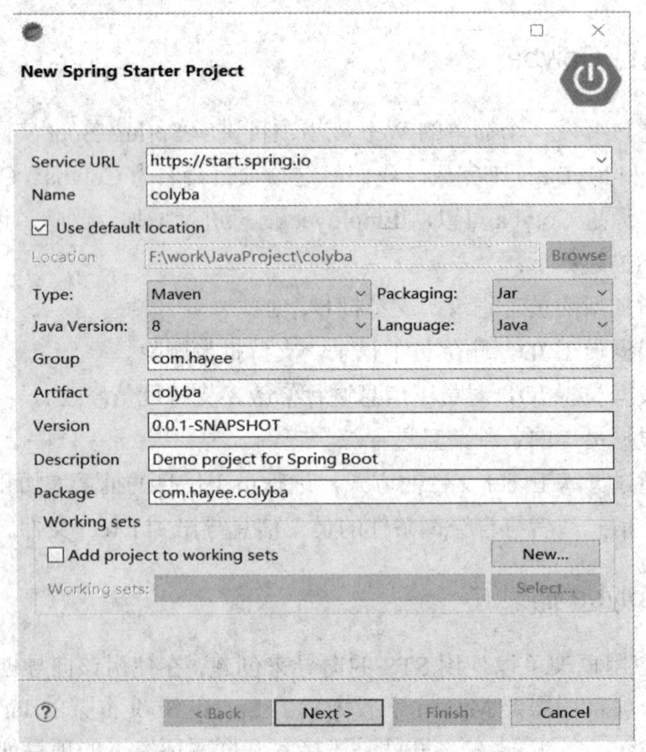

图 14-4　创建 Spring Boot 项目(2)

填写相关项目的信息并勾选 Maven 类型后点击 Next，打开 SQL，勾选 MySQL 和 MyBatis，打开 Web，勾选 Web，点击完成，然后 Spring Boot 将会自动生成项目的 pom。创建过程如图 14-5 和图 14-6 所示。

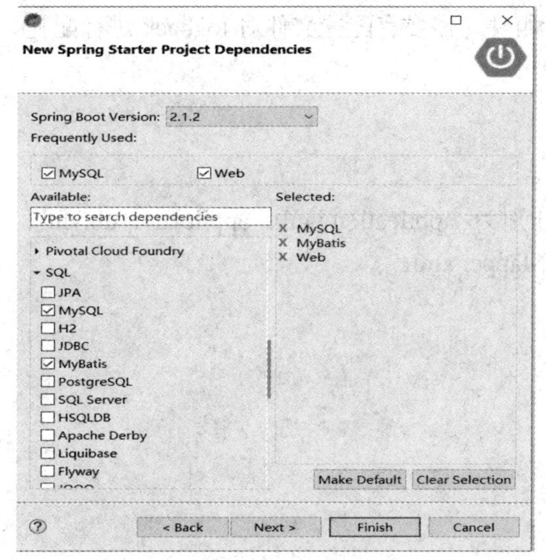

图 14-5　创建 Spring Boot 项目(3)

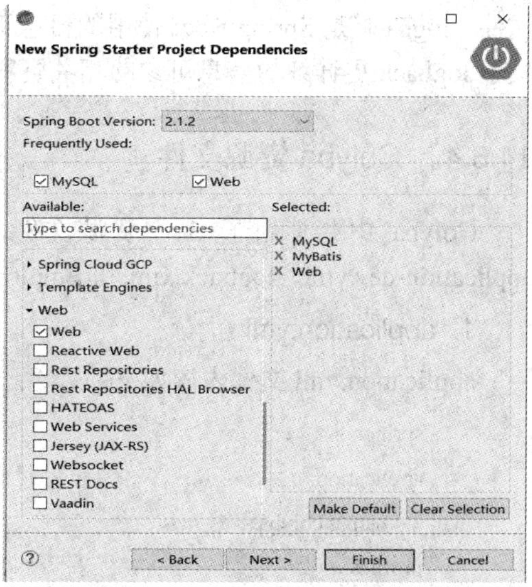

图 14-6　创建 Spring Boot 项目(4)

14.6.3　Colyba 项目结构

根据 Spring Boot 应用的分层结构，分别创建 Controller、Service 和 Dao 结构 package，并创建相关配置文件。创建完成的程序结构如图 14-7 所示。

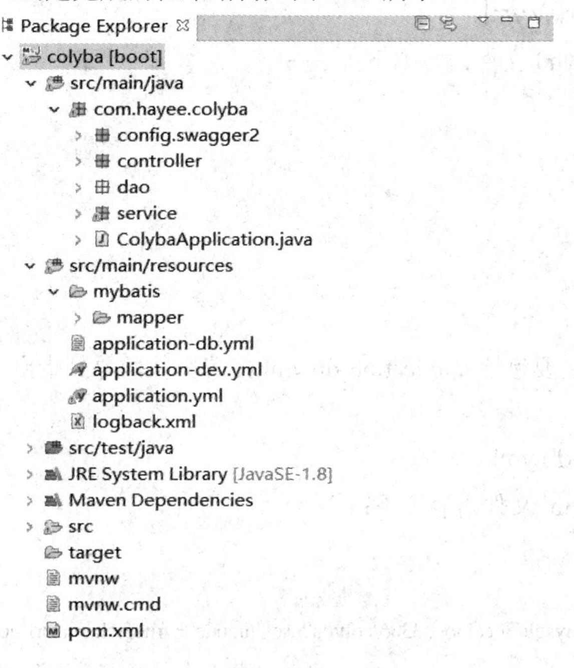

图 14-7　Colyba 项目结构

在 Java 代码包中，分别创建了 controller、service、dao 和 config 子包。config 主要放置项目配置相关的代码。在 Colyba 中配置了 Swagger2，用来测试 Colyba 的功能。

在资源文件中，创建了 mybatis 映射文件包，并创建了几个配置文件以及 logback.xml 文件。logback 是 Spring Boot 使用的日志记录组件，需要有配置文件对 logback 进行配置。关于 logback 更详细的信息可参阅相关资料。

14.6.4　Colyba 资源文件

Colyba 中共使用了 5 个资源文件，分别为 application.yml、application-db.yml、application-dev.yml、logback.xml 和 EmployeeMapper.xml。

1. application.yml

application.yml 文件内容如下：

```
spring:
application:
  name: colyba
profiles:
  active: dev

logging:
config: classpath:logback.xml
```

以上内容表示要激活 application-dev.yml 配置文件，并指出了 logback 的配置文件位置。

2. application-dev.yml

application-dev.yml 文件内容如下：

```
spring:
profiles:
  include:
    - db
server:
port: 16888
```

以上内容表示需要包括 application-db.yml 配置文件，并且指出应用需要运行在 16888 端口。

3. application-db.yml

application-db.yml 文件内容如下：

```
spring:
datasource:
  url: jdbc:mysql://localhost:3306/colyba?useUnicode = true&characterEncoding = UTF-8&use JDBC-
CompliantTimezoneShift=true&useLegacyDatetimeCode=false&serverTimezone=UTC
  #driver-class-name: com.mysql.jdbc.Driver
```

```
        username: root
        password: 123456

    mybatis:
        mapper-locations: classpath:/mybatis/mapper/*.xml
```

其中，spring.datasource 指定了连接数据库所需要的相关属性。需要注意的是，在 Spring Boot2.x 版本中，若需要 Spring Boot 自动创建数据源，则 datasource 的 type 属性不需要指定。另外，driver-class-name 属性也可以不指定。如果使用 MySQL，驱动程序应该指定为 com.mysql.cj.jdbc.Driver，而不是 com.mysql.jdbc.Driver。

还需要说明的是，在部分平台上，使用 MyBatis 访问 MySQL 会报一个时区错误的异常，因此在 MySQL 的 url 中需要指定时区相关属性：

```
useJDBCCompliantTimezoneShift=true&useLegacyDatetimeCode=false&serverTimezone=UTC
```

其中，使用 mybatis 的 mapper-locations 属性指出 Mapper 映射文件的位置。本项目中文件位置在类路径的/mybatis/mapper 目录下。

4. logback.xml

logback.xml 文件内容如下：

```
<?xml version="1.0" encoding="UTF-8"?>
<configuration debug="false" scan="true" scanPeriod="30 seconds">
<!--定义日志文件的存储地址 -->
<property name="LOG_HOME" value="./logFiles" />
<!-- 控制台输出 -->
<appender name="STDOUT" class="ch.qos.logback.core.ConsoleAppender">
    <encoder class="ch.qos.logback.classic.encoder.PatternLayoutEncoder">
        <!--格式化输出：%d 表示日期，%thread 表示线程名，%-5level：级别从左显示 5 个字符
            宽度%msg：日志消息，%n 是换行符 -->
        <pattern>%d{yyyy-MM-dd HH:mm:ss.SSS} [%thread] %-5level %logger{50} –
                %msg%n</pattern>
    </encoder>
    </appender>

    <appender name="COLYBA_FILE" class="ch.qos.logback.core.rolling.RollingFileAppender">
        <File>${LOG_HOME}/colyba.log</File>
            <rollingPolicy class="ch.qos.logback.core.rolling.TimeBasedRollingPolicy">
            <!--日志文件输出的文件名 -->

        <FileNamePattern>${LOG_HOME}/colyba.%d{yyyy-MM-dd}.%i.log.gz</FileNamePattern>
            <!--日志文件保留天数 -->
```

```
            <MaxHistory>3</MaxHistory>
            <!--日志归档文件最大存储量-->
            <totalSizeCap>50MB</totalSizeCap>
                <!--单个日志文件大小-->
            <timeBasedFileNamingAndTriggeringPolicy class=
                        "ch.qos.logback.core.rolling. SizeAndTimeBasedFNATP">
                <maxFileSize>500MB</maxFileSize>
            </timeBasedFileNamingAndTriggeringPolicy>
        </rollingPolicy>
        <encoder class="ch.qos.logback.classic.encoder.PatternLayoutEncoder">
            <!--格式化输出：%d 表示日期，%thread 表示线程名，%-5level：级别从左显示 5 个字
                符宽度%msg：日志消息，%n 是换行符 -->
            <pattern>%d{yyyy-MM-dd HH:mm:ss.SSS} [%thread] %-5level %class{0} –
                        %msg%n</pattern>
        </encoder>
    </appender>

        <logger name="com.hayee.colyba" additivity="false" level="INFO">
        <appender-ref ref="COLYBA_FILE" />
        <appender-ref ref="STDOUT" />
    </logger>

    <!-- 日志输出级别 -->
    <root level="INFO">
        <appender-ref ref="COLYBA_FILE" />
    </root>
</configuration>
```

该文件主要定义了与日志相关的输出级别及输出保存方式，通过配置的输出目录，可以在项目当前目录的 logFiles 目录下看到项目的相关输出，并可查看错误信息等。

5. EmployeeMapper.xml

EmployeeMapper.xml 文件内容如下：

```
<?xml version="1.0" encoding="UTF-8" ?>
<!DOCTYPE mapper PUBLIC "-//mybatis.org//DTD Mapper 3.0//EN" "http://mybatis.org/dtd/
        mybatis-3- mapper.dtd">
<mapper namespace="com.hayee.colyba.dao.mapper.EmployeeMapper">

<resultMap id="BaseResultMap"
    type="com.hayee.colyba.dao.model.Employee">
    <id column="ID" property="id" />
```

```
        <result column="LAST_NAME" property="lastName" />
        <result column="EMAIL" property="email" />
        <result column="GENDER" property="gender" />
    </resultMap>

    <sql id="Base_Cloum_List">
        ID,LAST_NAME,EMAIL,GENDER
    </sql>
    <select id="getAll" resultMap="BaseResultMap">
        SELECT
        <include refid="Base_Cloum_List" />
        FROM TBL_EMPLOYEE
    </select>
    <select id="getEmpsByName" resultMap="BaseResultMap">
        <bind name="_name" value="'%' + name + '%'" />
        SELECT
        <include refid="Base_Cloum_List" />
        FROM TBL_EMPLOYEE
        WHERE LAST_NAME LIKE #{_name}
    </select>
    <delete id="deleteById">
        DELETE
        FROM TBL_EMPLOYEE
        WHERE
        ID = #{id}
    </delete>
    <update id="updateById">
        UPDATE TBL_EMPLOYEE
        SET LAST_NAME =     #{emp.lastName}, EMAIL = #{emp.email}, GENDER = #{emp.gender}
        WHERE
        ID = #{emp.id}
    </update>
    <delete id="removeAll">
        DELETE
        FROM TBL_EMPLOYEE
    </delete>
    <insert id="add" useGeneratedKeys="true" keyProperty="id">
        INSERT INTO TBL_EMPLOYEE (LAST_NAME, EMAIL, GENDER)
        VALUES
```

```
        <foreach collection="emps" item="emp" separator=",">
            (#{emp.lastName},#{emp.email},#{emp.gender})
        </foreach>
    </insert>
    </mapper>
```

Colyba 项目中只有一张表 tbl_employee，表中有四个字段，分别是 id、last_name、email 和 gender。其中，id 是主键，也是一个自增字段。映射文件的内容很简单，就是对 tbl_employee 的一些操作，这些内容在 MyBatis 章节中已经学习，这里就不再赘述。

14.6.5　Colyba 的 Dao 层

在 Dao 层分别创建了 model 和 mapper 两个子包，用来放置数据表模型和映射接口。数据表模型 Employee.java 的代码如下：

```
package com.hayee.colyba.dao.model;

import java.io.Serializable;

public class Employee implements Serializable{
    /**
     *
     */
    private static final long serialVersionUID = 1L;
    private Integer id;
    private String lastName;
    private String email;
    private String gender;

    public Integer getId() {
        return id;
    }
    public void setId(Integer id) {
        this.id = id;
    }
    public String getLastName() {
        return lastName;
    }
    public void setLastName(String lastName) {
        this.lastName = lastName;
```

```
    }
    public String getEmail() {
        return email;
    }
    public void setEmail(String email) {
        this.email = email;
    }
    public String getGender() {
        return gender;
    }
    public void setGender(String gender) {
        this.gender = gender;
    }
}
```

映射接口 EmployeeMapper.java 代码如下：

```
package com.hayee.colyba.dao.mapper;

import java.util.List;

import org.apache.ibatis.annotations.Param;

import com.hayee.colyba.dao.model.Employee;

public interface EmployeeMapper {
    public List<Employee> getAll();
    public List<Employee> getEmpsByName(@Param("name")String name);
    public Integer deleteById(@Param("id")Integer id);
    public Integer updateById(@Param("emp") Employee emp);
    public Integer removeAll();
    public Integer add(@Param("emps")List<Employee> emps);
}
```

14.6.6　Colyba 的 Service 层

Service 层遵循接口式编程风格，提供了 IEmployeeService 接口供 Controller 层调用，用 EmployeeServiceImpl 来实现 IEmployeeService 接口。这里再次强调接口式编程的优点，在 Colyba 项目中，使用了 MyBatis 进行数据库访问，假设需要使用 JDBC 或者其他方式进行编程，只需要增加对 IEmployeeService 接口的实现即可，不会影响 Controller 层。这就是接口式、分层编程的核心优势。

1. IEmployeeService.java 代码

```
package com.hayee.colyba.service;

import java.util.List;

import javax.servlet.http.HttpServletResponse;

import com.hayee.colyba.dao.model.Employee;

public interface IEmployeeService {
    public List<Employee> getAllEmps();
    public List<Employee> getEmpsByName(String name);
    public boolean addEmp(Employee emp);
    public boolean updateEmp(Employee emp);
    public boolean removeAll();
    public boolean deleteById(int id);
    public int importEmpsFile(String fileName);
    public boolean exportEmps(HttpServletResponse response);
}
```

2. EmployeeServiceImpl.java 代码

```
package com.hayee.colyba.service.impl;

import java.io.File;
import java.io.FileInputStream;
import java.io.InputStream;
import java.io.OutputStream;
import java.net.URLEncoder;
import java.text.SimpleDateFormat;
import java.util.ArrayList;
import java.util.Date;
import java.util.List;

import javax.servlet.http.HttpServletResponse;

import org.apache.poi.xssf.usermodel.XSSFCell;
import org.apache.poi.xssf.usermodel.XSSFRow;
import org.apache.poi.xssf.usermodel.XSSFSheet;
import org.apache.poi.xssf.usermodel.XSSFWorkbook;
```

```
import org.springframework.beans.factory.annotation.Autowired;
import org.springframework.stereotype.Service;

import com.hayee.colyba.dao.mapper.EmployeeMapper;
import com.hayee.colyba.dao.model.Employee;
import com.hayee.colyba.service.IEmployeeService;

@Service
public class EmployeeServiceImpl implements IEmployeeService {
    @Autowired
    private EmployeeMapper employeeMapper;

    @Override
    public List<Employee> getAllEmps() {
        // TODO Auto-generated method stub
        return employeeMapper.getAll();
    }

    @Override
    public boolean addEmp(Employee emp) {
        // TODO Auto-generated method stub
        List<Employee> emps = new ArrayList<Employee>();
        emps.add(emp);
        int row = employeeMapper.add(emps);
        return true;
    }

    @Override
    public boolean updateEmp(Employee emp) {
        // TODO Auto-generated method stub
        int row = employeeMapper.updateById(emp);

        return true;
    }

    @Override
    public boolean removeAll() {
        // TODO Auto-generated method stub
```

```
        int row = employeeMapper.removeAll();

        return true;
    }

    @Override
    public boolean deleteById(int id) {
        // TODO Auto-generated method stub

        int row = employeeMapper.deleteById(id);
        return true;
    }

    @Override
    public List<Employee> getEmpsByName(String name) {
        // TODO Auto-generated method stub
        return employeeMapper.getEmpsByName(name);
    }

    @Override
    public int importEmpsFile(String fileName) {
        // TODO Auto-generated method stub
        try {
            File file = new File(fileName);
            InputStream ins;
            ins = new FileInputStream(file);

            XSSFWorkbook workbook = new XSSFWorkbook(ins);
            XSSFSheet sheet = workbook.getSheetAt(0);

            int start = sheet.getFirstRowNum();
            int end = sheet.getLastRowNum();

            List<Employee> emps = new ArrayList<Employee>();
            for (int i = start + 1; i <= end; i++) {
                Employee emp = new Employee();
                XSSFRow row = sheet.getRow(i);
                emp.setLastName(row.getCell(1).getStringCellValue());
                emp.setEmail(row.getCell(2).getStringCellValue());
```

```
            emp.setGender(String.valueOf((int)row.getCell(3).getNumericCellValue()));
            emps.add(emp);
        }
        employeeMapper.add(emps);
        workbook.close();
        ins.close();

    } catch (Exception e) {
        // TODO Auto-generated catch block
        e.printStackTrace();

    }

    return 0;
}

@Override
public boolean exportEmps(HttpServletResponse response) {
    // TODO Auto-generated method stub

    XSSFWorkbook workbook = new XSSFWorkbook();

    XSSFSheet sheet = workbook.createSheet("employee");

    String[] headers = new String[4];

    headers[0] = "Id";
    headers[1] = "Name";
    headers[2] = "Email";
    headers[3] = "Gender";

    int rowNo = 0;

    XSSFRow row = sheet.createRow(rowNo);
    rowNo++;
for (int i = 0; i < headers.length; i++) {

        XSSFCell cell = row.createCell(i);
        cell.setCellValue(headers[i]);
```

```
}

List<Employee> emps = employeeMapper.getAll();

for (Employee emp : emps) {
    row = sheet.createRow(rowNo);
    String[] content = new String[headers.length];
    content[0] = String.valueOf(emp.getId());
    content[1] = emp.getLastName();
    content[2] = emp.getEmail();
    content[3] = emp.getGender();

    for (int j = 0; j < headers.length; j++) {

        XSSFCell cell = row.createCell(j);
        cell.setCellValue(content[j]);
    }

    rowNo++;
}

String date = new SimpleDateFormat("yyyyMMddHHmmss").format(new Date());

String filePath = "employee_" + date + ".xlsx";
try {
    String enFileName = URLEncoder.encode(filePath, "UTF-8");
    String deFileName = new String(enFileName.getBytes("utf-8"), "ISO8859-1");
    response.setContentType("application/force-download");
    response.setCharacterEncoding("UTF-8");
    response.addHeader("Content-Disposition", "attachment;fileName=" + deFileName);

    OutputStream out = response.getOutputStream();

    if (workbook != null) {
        workbook.write(out);
        workbook.close();
    }
    out.flush();
    out.close();
```

```
            } catch (Exception e) {

            }
            return true;
        }
    }
```

在实现类中，除了调用 Dao 层接口访问数据库外，还实现了文件的导出和导入，在该过程中还使用了 Apache 的 POI 相关组件对 excel 文件进行操作，要使用 POI 组件还需要在 pom 中加入相关依赖，具体方法详见项目的 pom 章节。其中的文件下载也比较简单，只要向获取的 Http 的 Response 输出流中写入文件内容就能完成文件下载。

14.6.7 Colyba 的 Controller

Colyba 项目比较简单，所以 Controller 只有一个，Controller 有 8 个接口，如图 14-8 所示。

图 14-8 Colyba 项目 Web 接口

Controller 的类文件 EmployeeController.java 内容如下：

```
package com.hayee.colyba.controller;

import java.io.BufferedInputStream;
import java.io.BufferedOutputStream;
import java.io.File;
```

```
import java.io.FileInputStream;
import java.io.FileOutputStream;
import java.io.IOException;
import java.util.List;

import javax.servlet.http.HttpServletResponse;

import org.springframework.beans.factory.annotation.Autowired;
import org.springframework.web.bind.annotation.DeleteMapping;
import org.springframework.web.bind.annotation.GetMapping;
import org.springframework.web.bind.annotation.PathVariable;
import org.springframework.web.bind.annotation.PostMapping;
import org.springframework.web.bind.annotation.RequestBody;
import org.springframework.web.bind.annotation.RequestMapping;
import org.springframework.web.bind.annotation.RequestParam;
import org.springframework.web.bind.annotation.RequestPart;
import org.springframework.web.bind.annotation.RestController;
import org.springframework.web.multipart.MultipartFile;

import com.hayee.colyba.dao.model.Employee;

import com.hayee.colyba.service.IEmployeeService;
import io.swagger.annotations.Api;
import io.swagger.annotations.ApiImplicitParam;
import io.swagger.annotations.ApiOperation;
import io.swagger.annotations.ApiParam;

@Api(value = "Colyba controller", tags = { "Colyba 接口" })
@RestController
@RequestMapping("/colyba")
public class EmployeeController {
    @Autowired
    private IEmployeeService employeeService;

    @ApiOperation(value = "查询所有员工信息", notes = "无")
    @GetMapping("/getAllEmps")
    public List<Employee> getAllEmps() {
        return employeeService.getAllEmps();
    }
```

```
    @ApiOperation(value = "根据名字查询员工信息", notes = "模糊匹配")
    @ApiImplicitParam(name = "name", value = "员工名", required = true,
                        dataType = "String", paramType = "query")

    @GetMapping("/getEmpsByName")
    public List<Employee> getAllEmpsByName(@RequestParam(name = "name", required = true)
String name) {
        return employeeService.getEmpsByName(name);
    }

    @ApiOperation(value = "删除所有员工信息", notes = "无")
    @DeleteMapping("/deleteAll")
    public boolean deleteAll() {
        return employeeService.removeAll();
    }

    @ApiOperation(value = "根据 ID 删除员工信息", notes = "无")
    @ApiImplicitParam(name = "empId", value = "Id", required = true, dataType = "String",
                        paramType = "path")

    @DeleteMapping("/deleteById/{empId}")
    public boolean deleteById(@PathVariable(name = "empId", required = true) Integer empId) {

        return employeeService.deleteById(empId);
    }

    @ApiOperation(value = "添加员工信息", notes = "无")
    @PostMapping("/add")
    public boolean addEmp(@ApiParam(name = "emp", value = "员工信息", required = true)
@RequestBody Employee emp) {
        return employeeService.addEmp(emp);
    }

    @ApiOperation(value = "根据员工 ID 更新员工信息", notes = "无")
    @ApiImplicitParam(name = "emp", value = "员工信息", required = true, dataType = "Employee")
    @PostMapping("/update")
    public boolean updateById(@RequestBody Employee emp) {
        return employeeService.updateEmp(emp);
```

```
    }
    @ApiOperation(value = "导入员工列表文件", notes = "从 Excel 文件批量导入入库")
    @PostMapping("/import")
    public int importEmpListFile(
            @ApiParam(name = "empFile", value = "*.xlsx", required = true)
        @RequestPart("empFile") MultipartFile empFile)
        throws IOException {

    String fileName = empFile.getOriginalFilename();

    FileInputStream fileInStream = (FileInputStream) empFile.getInputStream();
    BufferedInputStream bufferedInput = new BufferedInputStream(fileInStream);

    File file = new File(fileName);
    FileOutputStream output = new FileOutputStream(file);
    BufferedOutputStream bufferedOutput = new BufferedOutputStream(output);
    byte[] b = new byte[1024];
    int readLen = 0;
    while ((readLen = bufferedInput.read(b)) != -1) {
        bufferedOutput.write(b, 0, readLen);
    }
    bufferedOutput.flush();
    bufferedOutput.close();
    bufferedInput.close();

    return employeeService.importEmpsFile(fileName);
  }

  @ApiOperation(value = "员工信息导出", notes = "无")
  @GetMapping("/export")
  public boolean downloadLicenseFile(HttpServletResponse response) throws IOException {
      return employeeService.exportEmps(response);
  }
}
```

在 Employee Controller 上使用 Rest Controller 注解，表明该控制器的方法的内容将直接写入到 Http Response(其实并不完全直接写入，因为 Spring Boot 将返回的内容自动转为 JSON 串再写入到 Response)。Employee Controller 上还使用了@Request Mapping ("/colyba")，表示该空指出所处理的基础映射地址为：http://ip:16888/colyba。这个注解不是必须放在类名上的，

(放在类名之上，相当于所有方法的映射都在这个地址之下)也可以写在方法上。

暂时忽略 API 相关的注解(这些注解是测试工具 Swagger 的注解)，在每一个方法上再次使用 URL 映射注解，比如：

```
@GetMapping("/getAllEmps")
public List<Employee> getAllEmps() {
    return employeeService.getAllEmps();
}
```

这样就表示，对于 http://ip:16888/colyba/getAllEmps 的访问就会由 getAllEmps 方法处理，并且这是一个 Get 方法。

1. 参数携带

Controller 中的方法参数可以是原生的 HttpServletRequest 和 HttpServletResponse，这样 Spring Boot 就可以将 Http 的请求和响应传递给方法；也可以通过多种形式的注解从 HttpServletRequest 中获取需要的数据。通常来说参数传递有如下几种形式：

· URL 参数形式，比如：http://localhost:16888/colyba/getEmpsByName?name=cox，url 后接“?”携带参数名和参数值。对于这种方式，可以使用@RequestParam 注解获取。Request Param 常用形式如下：

```
@RequestParam(name = "varname", required = true)
```

其中，name 就是变量名，需要和 url 中的变量名相同；required 表示该参数是否必需，如果为 true，当 url 中没有提供该参数时，则返回错误。

· URL 路径形式，这是一种 Restful 风格，将参数值放在 url 路径中，使用这种方式时需要在 url 映射中使用“{}”将参数包括起来，再使用@PathVariable 注解获取参数。比如：

```
@DeleteMapping("/deleteById/{empId}")
public boolean deleteById(@PathVariable(name = "empId", required = true) Integer empId) {
    return employeeService.deleteById(empId);
}
```

对于 http://localhost:16888/colyba/deleteById/1 来说，就会将 1 解析为参数的值传递给 deleteById 方法。PathVariable 注解中的 name 值需要和映射中的参数名相同。

· Body 体形式，通常用于 Post 方法，将参数放在 Http 请求的消息体中，通过@RequestBody 注解就可以获取。

另外，还可以将参数放在 Http 请求头中，这种方式使用的相对较少。

2. 文件上传

文件上传时只需要@RequestPart 注解就可以获取一个 MultipartFile 对象，通过获取该对象的输入流即可以完成文件上传。

3. Swagger2

Swagger 是一种 Web 应用的测试工具，通过在控制器方法上增加注解便可以在浏览器中对 Web 应用进行测试。Swagger 常用的注解如下：

@Api，对整个接口的描述，通常放在控制器类之上。

@ApiOperation，对某个接口的描述，放在方法之上。

@ApiImplicitParam，对方法参数的描述，可以使用@ApiImplicitParams 包括多个@ApiImplicitParam。@ApiImplicitParam 放在方法之上，ApiImplicitParam 常用的有 5 个字段，name 表示参数名；value 表示对参数的描述；required 表示参数是否必须；dataType 表示按树类型；paramType 表示参数类型，paramType 常用的类型有 query 和 path 类型，query 类型对应于 url 参数类型，path 类型对应于 url 路径参数类型。当使用 path 类型时，dataType 应使用 String 类型，否则测试会报错。

@ApiParam，对方法参数的描述，和 ApiImplicitParam 不同的是，ApiParam 需要放在方法的参数括号内。测试文件上传时需要使用这个类型的注解。

使用 Swagger2 进行测试时，需要对 Swagger 进行简单的配置，提供一个配置类即可，Swagger2.java 的代码如下：

```
package com.hayee.colyba.config.swagger2;
import org.springframework.context.annotation.Bean;
import org.springframework.context.annotation.Configuration;

import springfox.documentation.builders.ApiInfoBuilder;
import springfox.documentation.builders.PathSelectors;
import springfox.documentation.builders.RequestHandlerSelectors;
import springfox.documentation.service.ApiInfo;
import springfox.documentation.spi.DocumentationType;
import springfox.documentation.spring.web.plugins.Docket;

@Configuration
public class Swagger2 {
    @Bean
    public Docket createRestApi() {
        return new Docket(DocumentationType.SWAGGER_2)
                    .apiInfo(apiInfo())
                    .select()
                    .apis(RequestHandlerSelectors.basePackage("com.hayee.colyba.controller"))
                    .paths(PathSelectors.any())
                    .build();
    }
    private ApiInfo apiInfo() {
        return new ApiInfoBuilder()
                        .title("springboot 利用 swagger 构建 api 文档")
                        .description("简单 restful 风格")
```

```
                .termsOfServiceUrl("http://www.hayee.com/colyba")
                .version("1.0")
                .build();
    }
}
```

14.6.8 Colyba 的启动类

```
Colyba 的启动类 ColybaApplication.java 代码如下：
package com.hayee.colyba;

import org.mybatis.spring.annotation.MapperScan;
import org.springframework.boot.SpringApplication;
import org.springframework.boot.autoconfigure.SpringBootApplication;

import springfox.documentation.swagger2.annotations.EnableSwagger2;

@SpringBootApplication(scanBasePackages = "com.hayee.colyba")
@MapperScan(basePackages = {"com.hayee.colyba.dao.mapper"})
@EnableSwagger2
public class ColybaApplication {
    public static void main(String[] args) {
        SpringApplication.run(ColybaApplication.class, args);
        System.out.println("Colyba start ok...");
    }
}
```

SpringBootApplication 注解开启了 Spring Boot 的系列配置及包扫描功能。MapperScan 则是 MyBatis 的注解，指出 MyBatis 需要扫描的接口类。EnableSwagger2 注解则表示需要开启 Swagger2。

14.6.9 Colyba 的 pom

Colyba 的 pom 如下：

```
<?xml version="1.0" encoding="UTF-8"?>
<project xmlns="http://maven.apache.org/POM/4.0.0"
xmlns:xsi="http://www.w3.org/2001/XMLSchema-instance"
xsi:schemaLocation="http://maven.apache.org/POM/4.0.0
                    http://maven.apache.org/xsd/maven-4.0.0.xsd">
<modelVersion>4.0.0</modelVersion>
<parent>
```

```
        <groupId>org.springframework.boot</groupId>
        <artifactId>spring-boot-starter-parent</artifactId>
        <version>2.1.2.RELEASE</version>
        <relativePath /> <!-- lookup parent from repository -->
    </parent>
    <groupId>com.hayee</groupId>
    <artifactId>colyba</artifactId>
    <version>0.0.1-SNAPSHOT</version>
    <name>colyba</name>
    <description>Demo project for Spring Boot</description>
    <properties>
        <java.version>1.8</java.version>
    </properties>
    <dependencies>
        <dependency>
            <groupId>org.springframework.boot</groupId>
            <artifactId>spring-boot-starter-web</artifactId>
        </dependency>

        <dependency>
            <groupId>mysql</groupId>
            <artifactId>mysql-connector-java</artifactId>
        </dependency>
        <dependency>
            <groupId>org.mybatis.spring.boot</groupId>
            <artifactId>mybatis-spring-boot-starter</artifactId>
            <version>1.3.2</version>
        </dependency>

        <dependency>
            <groupId>org.apache.poi</groupId>
            <artifactId>poi</artifactId>
            <version>4.0.0</version>
        </dependency>

        <dependency>
            <groupId>org.apache.poi</groupId>
            <artifactId>poi-examples</artifactId>
            <version>4.0.0</version>
```

```
        </dependency>
        <!-- Swagger2 的依赖[构建 RESTful API 文档 ] -->
        <dependency>
            <groupId>io.springfox</groupId>
            <artifactId>springfox-swagger2</artifactId>
            <version>2.9.2</version>
        </dependency>
        <dependency>
            <groupId>io.springfox</groupId>
            <artifactId>springfox-swagger-ui</artifactId>
            <version>2.9.2</version>
        </dependency>

        <dependency>
            <groupId>org.springframework.boot</groupId>
            <artifactId>spring-boot-starter-test</artifactId>
            <scope>test</scope>
        </dependency>
    </dependencies>

    <build>
        <plugins>
            <plugin>
                <groupId>org.springframework.boot</groupId>
                <artifactId>spring-boot-maven-plugin</artifactId>
            </plugin>
        </plugins>
    </build>

    </project>
```

该 pom 中并没有指出如何完整地打成 Jar 包输出，这个问题留给读者，结合之前讲述的 Maven 自行完成。

14.6.10　Colyba 测试

完成如上工作后，就可以对 Colyba 进行测试，在 STS 中将 Colyba 运行起来，然后在浏览器中输入 http://localhost:16888/swagger-ui.html，就可以看到 Colyba 在 Swagger 中的测试界面，如图 14-9 所示。

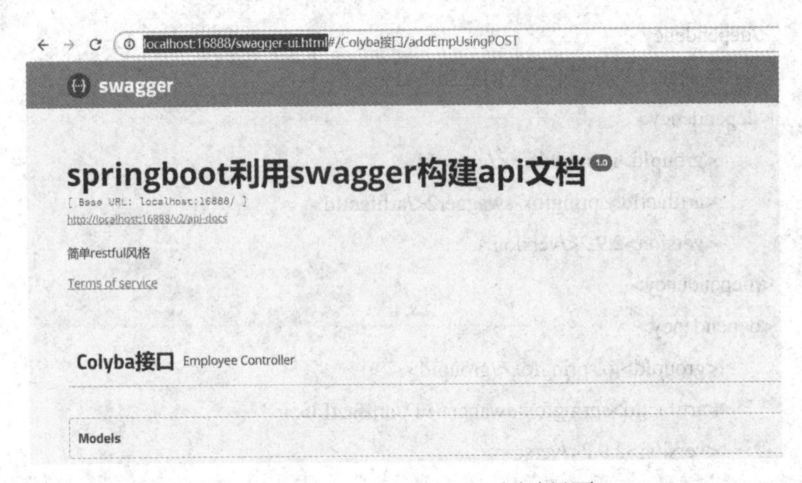

图 14-9　Colyba 项目 Swagger 测试界面(1)

点击 Colyba 接口，就可以将所有的接口展示出来，如图 14-10 所示。

图 14-10　Colyba 项目 Swagger 测试界面(2)

接下来，可以对所有接口进行测试，在这里我们展示添加员工信息和根据名字查询员工信息两个接口。

点击添加员工信息接口，如图 14-11 所示。

图 14-11　Colyba 项目 Swagger 测试界面(3)

从图 14-11 中可以看到接口所需要的参数格式，这个接口需要一个 JSON 格式的对象。接下来点击右上方的“Try it out”，输入需要添加的员工信息，如图 14-12 所示。

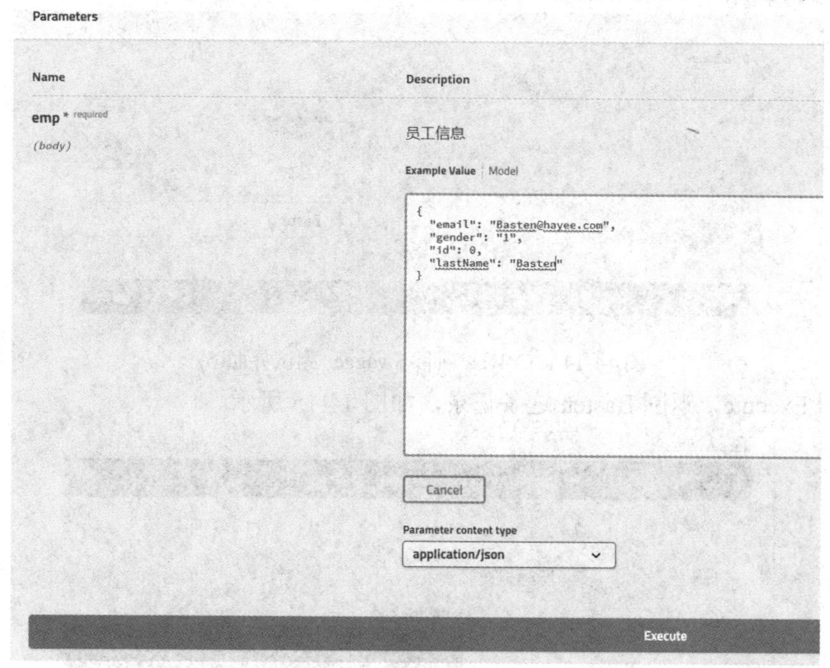

图 14-12　Colyba 项目 Swagger 测试界面(4)

点击下方的 Execute 按钮，该条 Post 请求将会发送到 Colyba，并返回结果，如图 14-13 所示。

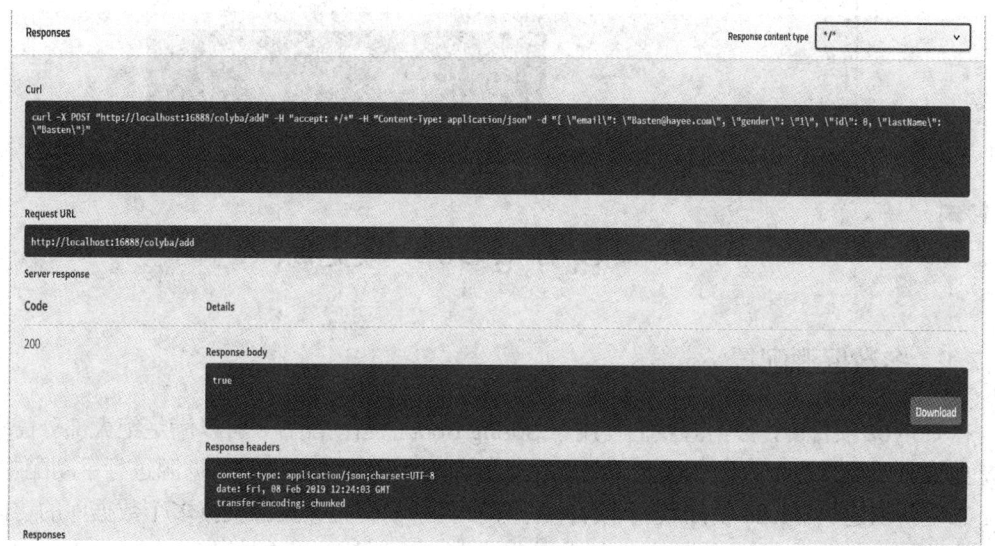

图 14-13　Colyba 项目 Swagger 测试界面(5)

从图 14-13 中可以看到返回了 200 的正常返回码，并且响应消息体中返回了 true。接下来可以使用按照名字查询的接口查看这条数据是否插入正确。

点击“根据名字查询员工信息”接口，再点击“Try it out”，输入参数“Basten”，如图 14-14 所示。

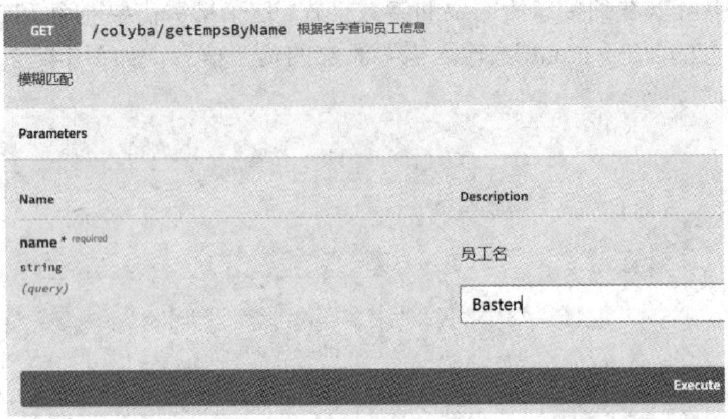

GET /colyba/getEmpsByName 根据名字查询员工信息

模糊匹配

Parameters

Name　Description

name * required　员工名

string

(query)

Basten

Execute

图 14-14　Colyba 项目 Swagger 测试界面(6)

继续点击 Execute，返回 Basten 这条记录，如图 14-15 所示。

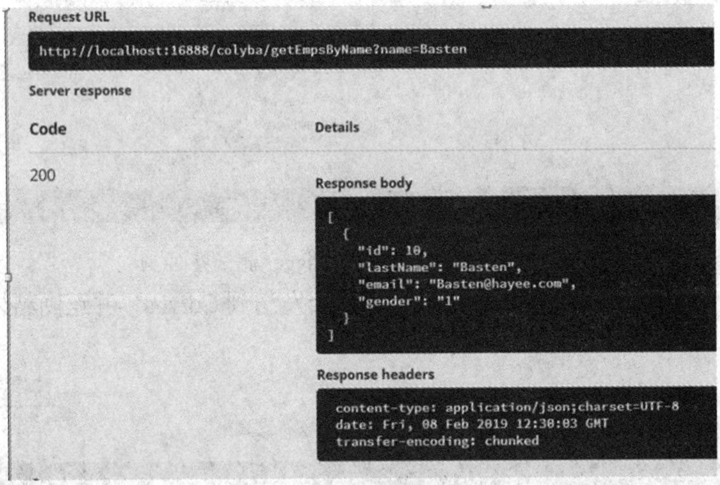

Request URL

http://localhost:16888/colyba/getEmpsByName?name=Basten

Server response

Code　Details

200

Response body

```
[
  {
    "id": 10,
    "lastName": "Basten",
    "email": "Basten@hayee.com",
    "gender": "1"
  }
]
```

Response headers

```
content-type: application/json;charset=UTF-8
date: Fri, 08 Feb 2019 12:30:03 GMT
transfer-encoding: chunked
```

图 14-15　Colyba 项目 Swagger 测试界面(7)

14.7　Spring Boot 数据源

14.7.1　多数据源配置

在 Colyba 项目中，数据源我们使用了 Spring Boot 的自动配置，可以满足绝大部分需求，但是如果需要访问多个数据库或者需要优化数据源配置时，就需要对数据源进行手动配置。接下来重新创建一个 luke 项目，这个项目演示了如何手动配置数据源支持多个数据库的访问。

1. 数据库设计

在 luke 项目中，分别访问 colyba 和 luke 两个数据库。colyba 数据库还是 Colyba 项目中使用的数据库，该库只有一张 tbl_employee 表。在 MySQL 中再创建一个数据库 luke，在 luke 数据库中也只创建一张表 tbl_footballclub，这张表很简单，只有三个字段，分别是自增主键 ID、CLUB_NAME 和 COUNTRY。

2. 项目结构

luke 项目程序结构如图 14-16 所示。

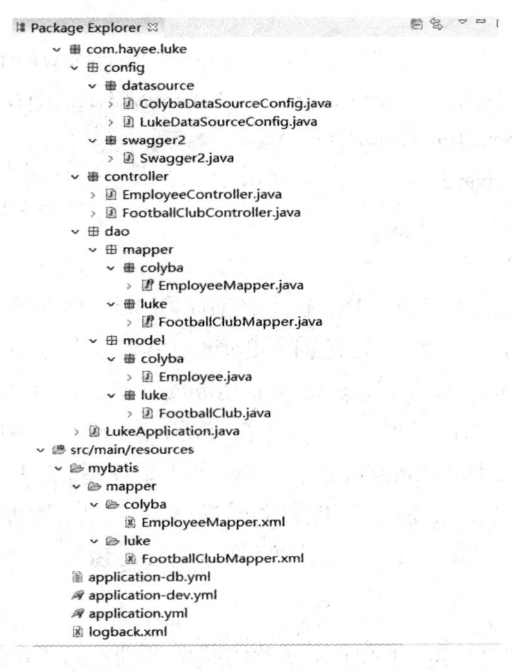

图 14-16　luke 项目结构

3. 配置文件

luke 项目中的配置文件和 Colyba 相似，主要是 application-db.yml 配置，内容如下：

```
datasource:
  colyba:
    url:
      jdbc:mysql://localhost:3306/colyba?useUnicode=true&characterEncoding=
        UTF-8&useJDBCCompliantTimezoneShift=true&useLegacyDatetimeCode=
        false&serverTimezone=UTC
    jdbcUrl:
      jdbc:mysql://localhost:3306/colyba?useUnicode=true&characterEncoding=
        UTF-8&useJDBCCompliantTimezoneShift=true&useLegacyDatetimeCode=
        false&serverTimezone=UTC
    driver-class-name: com.mysql.cj.jdbc.Driver
    username: root
    password: 123456

  luke:
    url:
      jdbc:mysql://localhost:3306/luke?useUnicode=true&characterEncoding=
```

```
        UTF-8&useJDBCCompliantTimezoneShift=true&useLegacyDatetimeCode=
        false&serverTimezone=UTC
    jdbcUrl:
      jdbc:mysql://localhost:3306/luke?useUnicode=true&characterEncoding=
        UTF-8&useJDBCCompliantTimezoneShift=true&useLegacyDatetimeCode=
        false&serverTimezone=UTC
    driver-class-name: com.mysql.cj.jdbc.Driver
    uscrnamc: root
    password: 123456
```

可以看出，上述配置文件中分别配置了 colyba 和 luke 两个数据源，且配置里配置了 url 和 jdbcUrl 两个值相同的连接串，这是因为 Spring Boot1.x 和 Spring Boot2.x 的兼容问题，Spring Boot1.x 默认使用的连接是“org. apache. tomcat. jdbc. pool. Data Source”，在这个数据源配置中，需要使用 url 来标识，但是在 Spring Boot2.x 中，默认连接使用的是“com.zaxxer.hikari.Hikari Data Source”，这个连接则需要使用 jdbcUrl 来标识。当使用 Spring Boot 自动数据源配置时，Spring Boot 应做自动转换。但当手工配置时，则需要显式指定 jdbc Url，这样同时指定 url 和 jdbc Url 就可以同时兼容 Spring Boot1.x 和 Spring Boot2.x。

4. 映射文件

接下来在 resources/mybatis 目录下创建两个映射文件，为了清晰，将两个映射文件分别放在不同的子目录下，这两个映射文件很简单，只是创建了对各自表的一个查询。

1) EmployeeMapper.xml 文件

```
<?xml version="1.0" encoding="UTF-8" ?>

<!DOCTYPE mapper PUBLIC "-//mybatis.org//DTD Mapper 3.0//EN" "http://mybatis.org/dtd/
mybatis-3- mapper.dtd">
<mapper namespace="com.hayee.luke.dao.mapper.colyba.EmployeeMapper">

<select id="getAll" resultType="com.hayee.luke.dao.model.colyba.Employee">
    SELECT ID, LAST_NAME lastName, EMAIL, GENDER
    FROM TBL_EMPLOYEE
</select>
</mapper>
```

2) FootballClubMapper.xml 文件

```
<?xml version="1.0" encoding="UTF-8" ?>
<!DOCTYPE mapper PUBLIC "-//mybatis.org//DTD Mapper 3.0//EN" "http://mybatis.org/dtd/
mybatis-3-mapper.dtd">
<mapper namespace="com.hayee.luke.dao.mapper.luke.FootballClubMapper">
 <select id="getAll" resultType="com.hayee.luke.dao.model.luke.FootballClub">
    SELECT ID, CLUB_NAME clubName, COUNTRY
```

```
    FROM TBL_FOOTBALLCLUB
</select>
</mapper>
```

5. 分别创建 Dao 层的接口和数据库实体类

1) Employee.java

```
package com.hayee.luke.dao.model.colyba;
import java.io.Serializable;
public class Employee implements Serializable{
    /**
     *
     */
    private static final long serialVersionUID = 1L;
    private Integer id;
    private String lastName;
    private String email;
    private String gender;

    public Integer getId() {
        return id;
    }
    public void setId(Integer id) {
        this.id = id;
    }
    public String getLastName() {
        return lastName;
    }
    public void setLastName(String lastName) {
        this.lastName = lastName;
    }
    public String getEmail() {
        return email;
    }
    public void setEmail(String email) {
        this.email = email;
    }
    public String getGender() {
        return gender;
    }
```

```
    public void setGender(String gender) {
        this.gender = gender;
    }
}
```

2) FootballClub.java

```
package com.hayee.luke.dao.model.luke;
import java.io.Serializable;
public class FootballClub implements Serializable{
    /**
     *
     */
    private static final long serialVersionUID = -8759204669202385859L;
    private Integer id;
    private String clubName;
    private String country;
    public Integer getId() {
        return id;
    }
    public void setId(Integer id) {
        this.id = id;
    }
    public String getClubName() {
        return clubName;
    }
    public void setClubName(String clubName) {
        this.clubName = clubName;
    }
    public String getCountry() {
        return country;
    }
    public void setCountry(String country) {
        this.country = country;
    }
}
```

3) EmployeeMapper.java

```
package com.hayee.luke.dao.mapper.colyba;
import java.util.List;
import com.hayee.luke.dao.model.colyba.Employee;
```

```
public interface EmployeeMapper {
    public List<Employee> getAll();
}
```

4) FootballClubMapper.java

```
package com.hayee.luke.dao.mapper.luke;
import java.util.List;
import com.hayee.luke.dao.model.luke.FootballClub;
public interface FootballClubMapper {
    public List<FootballClub> getAll();
}
```

6. 创建两个 Controller

1) EmployeeController.java

```
package com.hayee.luke.controller;
import java.util.List;
import org.springframework.beans.factory.annotation.Autowired;
import org.springframework.web.bind.annotation.GetMapping;
import org.springframework.web.bind.annotation.RequestMapping;
import org.springframework.web.bind.annotation.RestController;

import com.hayee.luke.dao.mapper.colyba.EmployeeMapper;
import com.hayee.luke.dao.model.colyba.Employee;

import io.swagger.annotations.Api;
import io.swagger.annotations.ApiOperation;

@Api(value = "luke employee controller", tags = { "employee 接口" })
@RestController
@RequestMapping("/luke/employee")
public class EmployeeController {
    @Autowired
    private EmployeeMapper empDao;

    @ApiOperation(value = "查询所有员工信息", notes = "无")
    @GetMapping("/getAllEmps")
    public List<Employee> getAllEmps() {
        return empDao.getAll();
    }
}
```

2) FootballClubController.java

```
package com.hayee.luke.controller;
import java.util.List;
import org.springframework.beans.factory.annotation.Autowired;
import org.springframework.web.bind.annotation.GetMapping;
import org.springframework.web.bind.annotation.RequestMapping;
import org.springframework.web.bind.annotation.RestController;

import com.hayee.luke.dao.mapper.luke.FootballClubMapper;
import com.hayee.luke.dao.model.luke.FootballClub;


import io.swagger.annotations.Api;
import io.swagger.annotations.ApiOperation;

@Api(value = "luke football controller", tags = { "football club 接口" })
@RestController
@RequestMapping("/luke/football")
public class FootballClubController {
    @Autowired
    private FootballClubMapper footballClubDao;

    @ApiOperation(value = "查询所有足球俱乐部", notes = "无")
    @GetMapping("/getAllFootballClubs")
    public List<FootballClub> getAllClubs() {
        return footballClubDao.getAll();
    }
}
```

7. 创建 Config

Swagger2 的配置和 Colyba 相似，只是修改了需要测试的 Controller 名称。Swagger2.java 代码如下：

```
import org.springframework.context.annotation.Configuration;
import springfox.documentation.builders.ApiInfoBuilder;
import springfox.documentation.builders.PathSelectors;
import springfox.documentation.builders.RequestHandlerSelectors;
import springfox.documentation.service.ApiInfo;
import springfox.documentation.spi.DocumentationType;
import springfox.documentation.spring.web.plugins.Docket;
```

```
@Configuration
public class Swagger2 {
    @Bean
    public Docket createRestApi() {
        return new Docket(DocumentationType.SWAGGER_2)
                        .apiInfo(apiInfo())
                        .select()
                        .apis(RequestHandlerSelectors.basePackage("com.hayee.luke.controller"))
                        .paths(PathSelectors.any())
                        .build();
    }

    private ApiInfo apiInfo() {
        return new ApiInfoBuilder()
                        .title("springboot 利用 swagger 构建 api 文档")
                        .description("简单 restful 风格")
                        .termsOfServiceUrl("http://www.hayee.com/colyba")
                        .version("1.0")
                        .build();
    }
}
```

8. 多数据配置

每一个数据源需要创建一个类，分别创建了 ColybaDataSourceConfig 和 LukeDataSourceConfig。

1) ColybaDataSourceConfig.java

```
package com.hayee.luke.config.datasource;
import javax.sql.DataSource;
import org.apache.ibatis.session.SqlSessionFactory;
import org.mybatis.spring.SqlSessionFactoryBean;
import org.mybatis.spring.annotation.MapperScan;
import org.springframework.beans.factory.annotation.Qualifier;
import org.springframework.boot.context.properties.ConfigurationProperties;
import org.springframework.boot.jdbc.DataSourceBuilder;
import org.springframework.context.annotation.Bean;
import org.springframework.context.annotation.Configuration;
import org.springframework.context.annotation.Primary;
import org.springframework.core.io.Resource;
import org.springframework.core.io.support.PathMatchingResourcePatternResolver;
```

```
import org.springframework.jdbc.datasource.DataSourceTransactionManager;
@Configuration
@MapperScan(basePackages = {
    "com.hayee.luke.dao.mapper.colyba" }, sqlSessionFactoryRef = "colybaSqlSessionFactory")
    public class ColybaDataSourceConfig {
        @Primary
        @Bean(name = "colybaDataSource")
        @ConfigurationProperties(prefix = "datasource.colyba")
        public DataSource dataSource() {
            return DataSourceBuilder.create().build();
    }

    @Primary
    @Bean(name = "colybaTransactionManager")
    publicDataSourceTransactionManagertransactionManager(@Qualifier("colybaDataSource")
DataSour cedata Source) {
        return new DataSourceTransactionManager(dataSource);
    }

    @Primary


    @Bean(name = "colybaSqlSessionFactory")


    public SqlSessionFactorysqlSessionFactory(@Qualifier("colybaDataSource")DataSource
dataSource) throws Exception {
        SqlSessionFactoryBean factoryBean = new SqlSessionFactoryBean();
        factoryBean.setDataSource(dataSource);
        PathMatchingResourcePatternResolver resolver=new PathMatchingResourcePatternResolver();
        Resource[] mapperxmls = resolver.getResources("classpath*:mybatis/mapper/colyba/*.xml");
        factoryBean.setMapperLocations(mapperxmls);
        factoryBean.setTypeAliasesPackage("luke.colyba");
        return factoryBean.getObject();
    }
}
```

其中，关键代码解释如下：

类名上增加了 Configuration 注解，告诉 Spring Boot 需要创建这个类，另外将之前在启动类上的 MapperScan 注解加到这个类上，并且告诉值扫描 colyba 数据库相关的接口。

使用 Bean 注解在三个方法上分别创建 DataSource、DataSourceTransactionManager 和 SqlSessionFactory 类，这三个类分别是数据、事务管理器以及 SqlSession 工厂，这也是数

据库访问必需的三个对象。在这三个方法上还使用了 Primary 注解，这个注解告诉 Spring Boot 该数据库访问对象是首选对象，这个注解是必须的，否则会报错。在多数据源的情况下，其他数据源中不能再使用 Primary 注解。

在方法参数中，使用了 Qualifier 注解，作用是限定实例化对象名称，某个类可能会有多个实例化对象，具体需要哪一个可以使用 Qualifier 来限定，当然，限定的名称需要在使用 Component 或者 Bean 等注解时指定。在指定名称时不能指定为类名首字母小写的名称，因为这是默认名称。比如@Bean(name = "colybaDataSource")，不能指定为@Bean(name = "colybaDataSourceConfig")。

在 dataSource 方法上使用了@ConfigurationProperties(prefix = "datasource.colyba")注解，这样就会将配置文件中的属性值注入到创建的 DataSource 中。

在 sqlSessionFactory 方法中，调用 setMapperLocations 方法将映射文件设置进去，这里调用 PathMatchingResourcePatternResolver 的 getResources 方法可以支持通配符的形式，将所有匹配的映射文件放在一个资源文件数组中。设置映射文件后，配置文件中就不需要再使用 mybatis.mapper-locations 来指定。

2) LukeDataSourceConfig.java

```
package com.hayee.luke.config.datasource;
import javax.sql.DataSource;
import org.apache.ibatis.session.SqlSessionFactory;
import org.mybatis.spring.SqlSessionFactoryBean;
import org.mybatis.spring.annotation.MapperScan;
import org.springframework.beans.factory.annotation.Qualifier;
import org.springframework.boot.context.properties.ConfigurationProperties;
import org.springframework.boot.jdbc.DataSourceBuilder;
import org.springframework.context.annotation.Bean;
import org.springframework.context.annotation.Configuration;
import org.springframework.core.io.Resource;
import org.springframework.core.io.support.PathMatchingResourcePatternResolver;
import org.springframework.jdbc.datasource.DataSourceTransactionManager;

@Configuration
@MapperScan(basePackages = {
    "com.hayee.luke.dao.mapper.luke" }, sqlSessionFactoryRef = "lukeSqlSessionFactory")
public class LukeDataSourceConfig {
    @Bean(name = "lukeDataSource")
    @ConfigurationProperties(prefix = "datasource.luke")
    public DataSource dataSource() {

        return DataSourceBuilder.create().build();
```

```
    }

    @Bean(name = "lukeTransactionManager")
    publicDataSourceTransactionManagertransactionManager(@Qualifier("lukeDataSource")
DataSource dataSource) {
        return new DataSourceTransactionManager(dataSource);
    }

    @Bean(name = "lukeSqlSessionFactory")
    public SqlSessionFactory sqlSessionFactory(@Qualifier("lukeDataSource") DataSource dataSource)
throws Exception {

        SqlSessionFactoryBean factoryBean = new SqlSessionFactoryBean();

        factoryBean.setDataSource(dataSource);

        PathMatchingResourcePatternResolverresolver =new PathMatchingResourcePatternResolver();
        Resource[] mapperxmls = resolver.getResources("classpath*:mybatis/mapper/luke/*.xml");

        factoryBean.setMapperLocations(mapperxmls);

        factoryBean.setTypeAliasesPackage("luke.luke");

        return factoryBean.getObject();
    }
}
```

9. luke 的启动类 LukeApplication.java

```
package com.hayee.luke;
import org.springframework.boot.SpringApplication;
import org.springframework.boot.autoconfigure.SpringBootApplication;
import springfox.documentation.swagger2.annotations.EnableSwagger2;

@SpringBootApplication
@EnableSwagger2
public class LukeApplication {
    public static void main(String[] args) {
        SpringApplication.run(LukeApplication.class, args);
        System.out.println("Luke start ok...");
```

```
    }
}
```

在 STS 中将 luke 运行起来，在 luke 数据库中手动插入一些记录，就可以在 Swagger 测试界面中同时查询到两个数据库的内容。luke 项目 Swagger 测试界面如图 14-17～图 14-19 所示。

图 14-17　luke 项目 Swagger 测试界面(1)

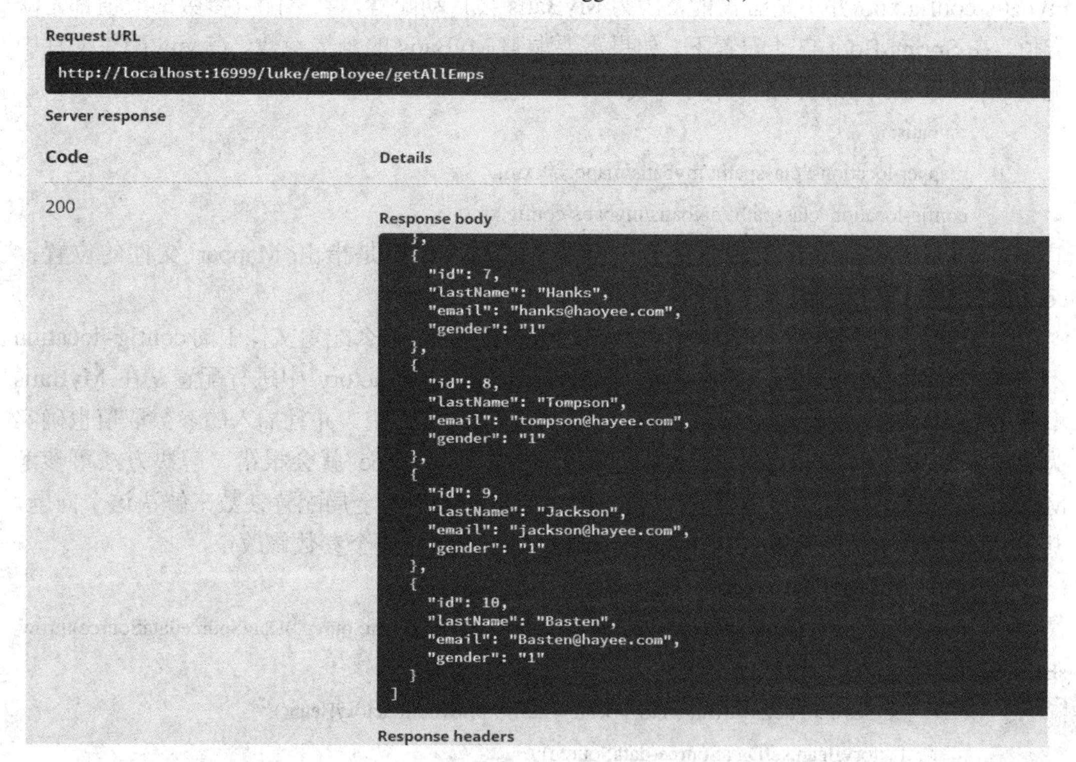

图 14-18　luke 项目 Swagger 测试界面(2)

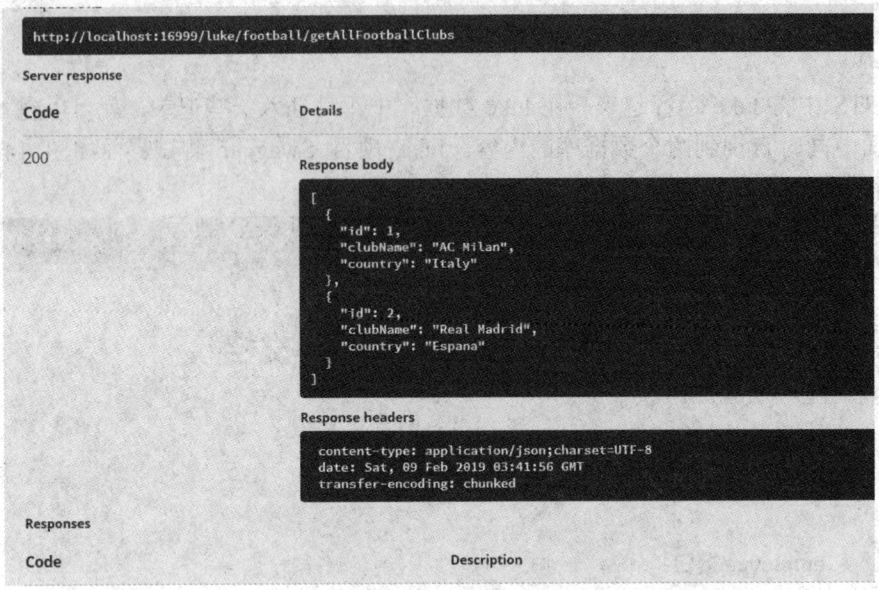

```
http://localhost:16999/luke/football/getAllFootballClubs
```

Server response

Code	Details
200	Response body

```
[
  {
    "id": 1,
    "clubName": "AC Milan",
    "country": "Italy"
  },
  {
    "id": 2,
    "clubName": "Real Madrid",
    "country": "Espana"
  }
]
```

Response headers

```
content-type: application/json;charset=UTF-8
date: Sat, 09 Feb 2019 03:41:56 GMT
transfer-encoding: chunked
```

Responses

Code	Description

图 14-19　luke 项目 Swagger 测试界面(3)

14.7.2　MyBatis 全局配置

使用 mybatis-config.xml 可以对 MyBatis 进行一些全局配置，在 Spring Boot 环境下，mybatis-config.xml 并不是必需的，因为 MyBatis 会自动配置，当然配置参数的取值都是缺省值。在 Spring Boot 自动配置下，如果需要调整 MyBatis 的全局参数，在 yml 配置文件中配置 mybatis-config.xml 路径即可，代码如下所示：

```
mybatis:
mapper-locations: classpath:/mybatis/mapper/*.xml
config-location: classpath:/mybatis/mybatis-config.xml
```

其中，mapper-locations 在前面章节中已经讲述过，作用是指出 Mapper 文件的位置；config-location 则指出配置文件的位置。

如果使用类似 14.7.1 小节中的手动方式配置数据源，那么配置文件中的 config- location 不一定会生效，这种情况下需要在数据源方法 sqlSessionFactory 中进行配置。在 MyBatis 章节中提到，如果使用 Oracle 数据库，当某个字段允许为空，并且插入的参数取值也确实为空时，如果使用 MyBatis 默认配置并且不指定 JdbcType 就会报错，解决方法可参考 MyBatis 的参数引用章节。下面就以修改针对 MyBatis 中的全局配置参数来解决这个问题，其中的关键代码如下(在 luke 项目的数据源配置中，增加这个参数修改)：

```
@Bean(name = "lukeSqlSessionFactory")
publicSqlSessionFactorysqlSessionFactory(@Qualifier("lukeDataSource")DataSourcedataSource)throw
sException{
    SqlSessionFactoryBean factoryBean = new SqlSessionFactoryBean();
    factoryBean.setDataSource(dataSource);
    PathMatchingResourcePatternResolverresolver = newPathMatchingResourcePatternResolver();
```

```
        Resource[]mapperxmls = resolver.getResources ("classpath*:mybatis/mapper/luke/*.xml ");

        factoryBean.setMapperLocations(mapperxmls);
        factoryBean.setTypeAliasesPackage("luke.luke");

    /* 修改 MyBatis 全局参数 */
    Org.apache. batis.session.Configurationconifg = neworg.apache.batis.session.Configuration();
    config.setJdbcTypeForNull(JdbcType.NULL);
    factoryBean.setConfiguration(config);
        return factoryBean.getObject();
        }
```

上述代码中引用了 org.apache.ibatis.session.Configuration 全类名，因为该类中需要使用 @Configuration 注解，这个注解来自 Spring 的 Configuration 类，由于存在同名冲突，所以 MyBatis 的配置类引用了全类名。

14.7.3　连接池

之前章节提到过，频繁地打开关闭数据库连接是一项比较耗费资源的工作，在项目开发中通常需要使用数据库连接池来管理连接。在过去和一些现在的项目中，使用比较多的是 C3P0 第三方组件。根据某些资料显示，C3P0 的效率并不高，而且还有死锁的隐患。当前比较主流的连接池主要有两个，分别是 Hikari 和 Druid。Hikari 号称是 Java 代码下性能最快的连接池，而 Druid 则是综合性能比较全面的连接池，在可扩展性和监控方面非常优秀。

Spring Boot2.x 默认使用 Hikari 连接池，如果需要配置，则在配置文件 datasourc 下增加 Hikari 相关属性即可。接下来我们将 Colyba 改造为连接池形式，配置文件内容如下：

```
    spring:
    datasource:
        url:
    jdbc:mysql://localhost:3306/colyba?useUnicode=true&characterEncoding=UTF-8&useJDBCCompliant
TimezoneShift=true&useLegacyDatetimeCode=false&serverTimezone=UTC
    #driver-class-name: com.mysql.jdbc.Driver
        username: root
        password: 123456
        #pool
        type: com.zaxxer.hikari.HikariDataSource
        hikari:
            minimum-idle: 5
            maximum-pool-size: 25
            auto-commit: true
```

```
            idle-timeout: 30000
            pool-name: DatebookHikariCP
            max-lifetime: 1800000
            connection-timeout: 30000
        connection-test-query: SELECT 1
```

其中，hikari 下的属性就是连接池的相关属性，可配置的属性也比较多，其他更多的配置信息可以参考 hikari 官网。修改完配置文件后，重新启动 Colyba 并在 Swagger 上发出一个查询，就可以在打印信息中看到连接池相关信息。连接池的信息输出如图 14-20 所示。

```
2019-02-09 12:24:28.685 [http-nio-16888-exec-9] DEBUG DataSourceUtils - Fetching JDBC Connection from DataSource
2019-02-09 12:24:28.688 [http-nio-16888-exec-9] DEBUG HikariConfig - DatebookHikariCP - configuration:
2019-02-09 12:24:28.691 [http-nio-16888-exec-9] DEBUG HikariConfig - allowPoolSuspension.............false
2019-02-09 12:24:28.692 [http-nio-16888-exec-9] DEBUG HikariConfig - autoCommit......................true
2019-02-09 12:24:28.692 [http-nio-16888-exec-9] DEBUG HikariConfig - catalog.........................none
2019-02-09 12:24:28.692 [http-nio-16888-exec-9] DEBUG HikariConfig - connectionInitSql...............none
2019-02-09 12:24:28.693 [http-nio-16888-exec-9] DEBUG HikariConfig - connectionTestQuery............."SELECT 1"
2019-02-09 12:24:28.693 [http-nio-16888-exec-9] DEBUG HikariConfig - connectionTimeout...............30000
2019-02-09 12:24:28.693 [http-nio-16888-exec-9] DEBUG HikariConfig - dataSource......................none
2019-02-09 12:24:28.694 [http-nio-16888-exec-9] DEBUG HikariConfig - dataSourceClassName.............none
2019-02-09 12:24:28.694 [http-nio-16888-exec-9] DEBUG HikariConfig - dataSourceJNDI..................none
2019-02-09 12:24:28.695 [http-nio-16888-exec-9] DEBUG HikariConfig - dataSourceProperties............{password=<masked>}
2019-02-09 12:24:28.695 [http-nio-16888-exec-9] DEBUG HikariConfig - driverClassName................."com.mysql.cj.jdbc.Driver"
2019-02-09 12:24:28.695 [http-nio-16888-exec-9] DEBUG HikariConfig - healthCheckProperties...........{}
2019-02-09 12:24:28.696 [http-nio-16888-exec-9] DEBUG HikariConfig - healthCheckRegistry.............none
2019-02-09 12:24:28.697 [http-nio-16888-exec-9] DEBUG HikariConfig - idleTimeout.....................30000
2019-02-09 12:24:28.697 [http-nio-16888-exec-9] DEBUG HikariConfig - initializationFailTimeout.......1
2019-02-09 12:24:28.698 [http-nio-16888-exec-9] DEBUG HikariConfig - isolateInternalQueries..........false
2019-02-09 12:24:28.699 [http-nio-16888-exec-9] DEBUG HikariConfig - jdbcUrl.........................jdbc:mysql://localhost:3306/colyba?useUnicode
2019-02-09 12:24:28.699 [http-nio-16888-exec-9] DEBUG HikariConfig - leakDetectionThreshold..........0
2019-02-09 12:24:28.699 [http-nio-16888-exec-9] DEBUG HikariConfig - maxLifetime.....................1800000
2019-02-09 12:24:28.700 [http-nio-16888-exec-9] DEBUG HikariConfig - maximumPoolSize.................15
2019-02-09 12:24:28.700 [http-nio-16888-exec-9] DEBUG HikariConfig - metricRegistry..................none
2019-02-09 12:24:28.700 [http-nio-16888-exec-9] DEBUG HikariConfig - metricsTrackerFactory...........none
2019-02-09 12:24:28.701 [http-nio-16888-exec-9] DEBUG HikariConfig - minimumIdle.....................5
2019-02-09 12:24:28.701 [http-nio-16888-exec-9] DEBUG HikariConfig - password........................<masked>
2019-02-09 12:24:28.701 [http-nio-16888-exec-9] DEBUG HikariConfig - poolName........................"DatebookHikariCP"
2019-02-09 12:24:28.702 [http-nio-16888-exec-9] DEBUG HikariConfig - readOnly........................false
2019-02-09 12:24:28.702 [http-nio-16888-exec-9] DEBUG HikariConfig - registerMbeans..................false
2019-02-09 12:24:28.703 [http-nio-16888-exec-9] DEBUG HikariConfig - scheduledExecutor...............none
2019-02-09 12:24:28.703 [http-nio-16888-exec-9] DEBUG HikariConfig - schema..........................none
2019-02-09 12:24:28.703 [http-nio-16888-exec-9] DEBUG HikariConfig - threadFactory...................internal
2019-02-09 12:24:28.704 [http-nio-16888-exec-9] DEBUG HikariConfig - transactionIsolation............default
2019-02-09 12:24:28.704 [http-nio-16888-exec-9] DEBUG HikariConfig - username........................"root"
2019-02-09 12:24:28.705 [http-nio-16888-exec-9] DEBUG HikariConfig - validationTimeout...............5000
2019-02-09 12:24:28.705 [http-nio-16888-exec-9] INFO  HikariDataSource - DatebookHikariCP - Starting...
2019-02-09 12:24:29.107 [http-nio-16888-exec-9] DEBUG HikariPool - DatebookHikariCP - Added connection com.mysql.cj.jdbc.ConnectionImpl@a18fcd9
```

图 14-20　连接池信息输出

如果配置 Druid 连接池，则需要手动配置数据源。接下来改造 luke 项目，使访问 luke 数据库的数据源使用 Druid 连接池，访问 Colyba 数据库的数据源使用 Hikari 连接池。修改后的配置文件如下：

```
    datasource:
    colyba:
            url:
jdbc:mysql://localhost:3306/colyba?useUnicode=true&characterEncoding=UTF-8&useJDBCCompliantTimezoneS
hift=true&useLegacyDatetimeCode=false&serverTimezone=UTC
            jdbcUrl:
jdbc:mysql://localhost:3306/colyba?useUnicode=true&characterEncoding=UTF-8&useJDBCCompliantTimezoneS
hift=true&useLegacyDatetimeCode=false&serverTimezone=UTC
            driver-class-name: com.mysql.cj.jdbc.Driver
            username: root
            password: 123456
```

```
            type: com.zaxxer.hikari.HikariDataSource
        hikari:
            minimum-idle: 5
            maximum-pool-size: 15
            auto-commit: true
            idle-timeout: 30000
            pool-name: DatebookHikariCP
            max-lifetime: 1800000
            connection-timeout: 30000
            connection-test-query: SELECT 1

    luke:
    url:
jdbc:mysql://localhost:3306/luke?useUnicode=true&characterEncoding=UTF-8&useJDBCCompliantTimezoneShif
t=true&useLegacyDatetimeCode=false&serverTimezone=UTC
    jdbcUrl:
    jdbc:mysql://localhost:3306/luke?useUnicode=true&characterEncoding=UTF-8&useJDBCCompliantTi
mezoneShift=true&useLegacyDatetimeCode=false&serverTimezone=UTC
    driver-class-name: com.mysql.cj.jdbc.Driver
    username: root
    password: 123456
    type: com.alibaba.druid.pool.DruidDataSource
    initialSize: 5
    minIdle: 5
    maxActive: 20
    maxWait: 60000
    timeBetweenEvictionRunsMillis: 60000
    minEvictableIdleTimeMillis: 300000
    validationQuery: SELECT 1 FROM DUAL
    testWhileIdle: true
    testOnBorrow: false
    testOnReturn: false
    poolPreparedStatements: true
    maxPoolPreparedStatementPerConnectionSize: 20
    filters: stat,wall
    connectionProperties: druid.stat.mergeSql=true;druid.stat.slowSqlMillis=5000
    exist: true
```

有关 Hikari 和 Druid 连接池的详细参数可以参阅其官方网站。

配置文件修改完成后，修改数据源类。分别将 LukeDataSourceConfig 和 LukeDataSource

Config 的 datasource 方法修改如下，返回不同的 DataSource 即可。

```
public DataSource dataSource() {
    //return DataSourceBuilder.create().build();
    return new HikariDataSource();
}
public DataSource dataSource() {
    //return DataSourceBuilder.create().build();
    return new DruidDataSource();
}
```

最后还需要在 pom 中加入 Druid 的依赖，代码如下：

```
<dependency>
<groupId>com.alibaba</groupId>
<artifactId>druid</artifactId>
<version>1.1.9</version>
</dependency>
```

完成修改后，重新启动 luke，进入 Swagger 测试界面，分别查询两个数据库，然后查看日志记录，就会发现 Hikari 和 Druid 都在工作。双连接池的信息输出如图 14-21 所示。

```
2019-02-09 12:53:52.153 [http-nio-16999-exec-7] INFO  HikariDataSource - HikariPool-1 - Starting...
2019-02-09 12:53:52.496 [http-nio-16999-exec-7] INFO  HikariDataSource - HikariPool-1 - Start completed.
2019-02-09 12:54:11.133 [http-nio-16999-exec-8] INFO  DruidDataSource - {dataSource-1} inited
```

图 14-21　双连接池信息输出

14.7.4　事务

Spring Boot 支持事务也非常简单，只需要在方法上加上@Transactional 注解即可，如果是多数据源，则在 Transactional 注解中加上对象名，对象名来自 Component 或者 Bean 等注解的定义，比如在 luke 项目中使用@Transactional(value =“lukeTransactionManager”)。

在 MyBatis 学习中提到了批量操作，打开 Sesssion 时传入 ExecutorType。BATCH 参数就可以进行批量操作。但是在 Colyba 和 luke 项目中没有显式打开 session，这些其实是 Spring Boot 框架自动完成的，因此不需要再进行打开 Session 的操作。如果需要手动操作 Sessios，只需要注入 Seesion 即可，再按照 MyBatis 章节中讲解的操作就能完成。比如，在 Colyba 项目中增加一个批量添加员工的方法如下：

```
@Autowired
SqlSessionFactory sqlSessionFactory1;
@Transactional
public boolean addEmps(List<Employee> emps) {
    SqlSession session = sqlSessionFactory1.openSession(ExecutorType.BATCH);
```

```
        EmployeeMapper mapper = session.getMapper(EmployeeMapper.class);
        List<Employee> temp = new ArrayList<Employee>();
        for (Employee emp : emps) {
            temp.clear();
            temp.add(emp);
            mapper.add(temp);
        }
        session.commit();
        session.close();
        return true;
    }
```

由于映射文件中的添加方法支持另外一种形式的批量添加方法，需要的是一个 List 参数，因此，尽管每次传递一条记录，但还是将其放在一个 List 中。读者可以运行这个方法，观察批量添加的提交过程。

14.8 Spring Boot 的常用功能

14.8.1 拦截器

如果需要在一个 HTTP 请求处理前后进行一些诸如日志记录工作，那么拦截器将会非常有用。在 Spring Boot 中增加一个拦截器也非常简单，只需实现 HandlerInterceptor 接口，创建一个类继承 WebMvcConfigurerAdapter，并重写 addInterceptors 方法将其注册到 Spring Boot 中即可。

HandlerInterceptor 接口有三个方法，分别是 preHandle、postHandle 和 afterCompletion，这三个方法在 HTTP 请求处理前后分别被调用：preHandle 在 Controller 处理之前进行调用；postHandle 在 Controller 处理之后调用，在进行视图渲染之前执行；afterCompletion 在整个请求处理完成之后被调用。postHandle 和 afterCompletion 被调用的前提是 preHandle 方法返回 true。下面是一个拦截器的片段：

首先，定义自己的拦截器实现 HandlerInterceptor 接口：

```
@Component
public class MyInterceptor  implements HandlerInterceptor {
    @Override
    public boolean preHandle(HttpServletRequest request, HttpServletResponse response, Object
handler) throws Exception {
        // TODO Auto-generated method stub
        return false;
    }
```

```
        @Override
        public void postHandle(HttpServletRequest request,
        HttpServletResponse response, Object handler,
        ModelAndView modelAndView) throws Exception {
            // TODO Auto-generated method stub
        }
        */
        @Override
        public void afterCompletion(HttpServletRequest request,
        HttpServletResponse response, Object handler, Exception ex)
        throws Exception {
            // TODO Auto-generated method stub
        }
    }
```

注册拦截器到 Spring Boot：

```
@SpringBootConfiguration
Public class MyInterceptorConfig extends WebMvcConfigurerAdapter {

@Autowired
    MyInterceptor    interceptor;
    @Override
    Public void addInterceptors(InterceptorRegistry registry) {
        registry.addInterceptor(interceptor.addPathPatterns("/**");
        super.addInterceptors(registry);
    }
}
```

其中，addPathPatterns 的参数是需要拦截的请求 Url 匹配模式。

14.8.2　定时任务

定时任务几乎是每个项目必不可少的功能，在 Java 项目中，使用最多的就是 Quartz 框架，Quartz 的功能很全面也很强大。Spring Boot 自身也提供了一个定时任务框架，尽管没有 Quartz 功能全面，但对于中小项目来说已经够用了。

Spring Boot 的定时任务使用很简单，首先需要在 Spring Boot 启动类上增加@Enable Scheduling 注解来开启定时任务，然后在需要定时启动的方法上使用@Scheduled 注解即可。当然，该方法所属的类必须被 Spring Boot 容器所管理，意思就是应该使用@Com ponent。

1. Scheduled 参数

Scheduled 支持以下参数：

- cron：cron 表达式，指定任务在特定时间执行。

• fixedDelay：表示上一次任务执行完成后多久再次执行任务，参数类型为 long，单位为 ms。

• fixedDelayString：与 fixedDelay 含义一样，只是参数类型变为 String。

• fixedRate：表示按一定的频率执行任务，参数类型为 long，单位为 ms。

• fixedRateString: 与 fixedRate 的含义一样，只是将参数类型变为 String。

• initialDelay：表示延迟多久再次执行任务，参数类型为 long，单位为 ms。

• initialDelayString：与 initialDelay 的含义一样，只是将参数类型变为 String。

• zone：时区，默认为当前时区，一般不会用到。

2. cron 表达式

cron 表达式源自 Unix，Spring Boot 支持 cron 表达式。cron 表达式有 6 或者 7 个域(其中的年是可选的)，位置含义如表 14-1 所示。

表 14-1　cron 表达式域含义

位置	时间域名	允许值	允许的特殊字符
1	秒	0～59	- * /
2	分钟	0～59	- * /
3	小时	0～23	- * /
4	日期	1～31	- * ? / L W C
5	月份	1～12	- * /
6	星期	1～7	- * ? / L C #
7	年　(可选)	空值 1970～2099	- * /

表 14-1 中，每个域中特殊字符的含义如下：

• * ：表示匹配该域的任意值，比如，在秒域*，表示每秒都会触发事件。

• ? ：只能用在每月的第几天和星期两个域，表示不指定值。当 2 个子表达式其中之一被指定了值以后，为了避免冲突，需要将另一个子表达式的值设为“?”。

• - ：表示范围，例如，在分域使用 5～20，表示从 5 分到 20 分每分钟触发一次。

• / ：表示起始时间开始触发，然后每隔固定时间触发一次，例如，在分域使用 5/20，则意味着 5 分、25 分、45 分，分别触发一次。

• ,：表示列出枚举值。例如，在分域使用 5，20，则意味着在 5 分和 20 分时分别触发一次。

• L ：表示最后，只能出现在星期和每月第几天域，如果在星期域使用 1L，意味着在最后的一个星期日触发。

• W ：表示有效工作日(周一到周五)，只能出现在每月第几日域，系统将在离指定日期最近的有效工作日触发事件。注意一点，W 的最近寻找不会跨过月份。

• LW ：这两个字符可以连用，表示在某个月最后一个工作日，即最后一个星期五。

• # ：用于确定每个月第几个星期几，只能出现在每月第几天域。例如，1#3 表示某月的第三个星期日。

官网的一些 cron 示例如下：

```
"0 0 * * * *"                    = the top of every hour of every day.
"*/10 * * * * *"                 = every ten seconds.
"0 0 8-10 * * *"                 = 8, 9 and 10 o'clock of every day.
"0 0/30 8-10 * * *"              = 8:00, 8:30, 9:00, 9:30 and 10 o'clock every day.
"0 0 9-17 * * MON-FRI"           = on the hour nine-to-five weekdays
"0 0 0 25 12 ?"                  = every Christmas Day at midnight
```

使用定时任务的示例如下：

```
@Component
public class ScheduledTasks {
    //表示当前方法执行完毕 5000 ms 后，会再次调用该方法
    @Scheduled(fixedDelay = 5000)
    public void testFixDelay() {
    }
    // 5000 表示当前方法开始执行 5000 ms 后，会再次调用该方法
    @Scheduled(fixedRate = 5000)
    public void testFixedRate() {
    }
    //表示延迟 1000 ms 执行第一次任务
    @Scheduled(initialDelay = 1000, fixedRate = 5000)
    public void testInitialDelay() {
    }
    //根据 cron 表达式确定定时规则
    @Scheduled(cron = "0 0/1 * * * ?")
    public void testCron() {
    }
}
```

当然，若要正常执行，还需要在 Spring Boot 启动类上增加@EnableScheduling 注解。

3. Controller 层异常处理

在 Colyba 项目中，没有对异常做任何处理，也就是说，如果出现类似文件错误等异常，前端将得不到有用的或者友好的提示信息。在 Spring Boot 框架中，对于 Controller 层的异常可以采取统一处理的方式，这样可以将定义好的错误信息发送给前端。

使用@ControllerAdvice 注解可以创建统一处理异常的类，这样 Controller 层抛出的异常将会被该类所捕获，就可以在其中进行统一处理，可能的代码框架如下：

```
@ControllerAdvice
public class MyExceptionHandler {
    //全局异常捕获
    @ResponseBody
    @ExceptionHandler(value = Exception.class)
```

```
    public String javaExceptionHandler(Exception ex) {
        //do something
        return "some error msg";
    }
    //自定义异常捕获
    @ResponseBody
    @ExceptionHandler(value = MyException.class)
    public String messageCenterExceptionHandler(MyException ex) {
        //do something
        return "some error msg";
    }
}
```

参考文献

[1] HORSTMANN C S. Java 核心技术：卷Ⅰ. [M]. 10 版. 北京：机械工业出版社，2016.
[2] HORSTMANN C S. Java 核心技术：卷Ⅱ. [M]. 10 版. 北京：机械工业出版社，2016.
[3] O'BRIEN T. Maven 权威指南[M]. Sonatype, Inc 2006-2008.
[4] WALLS C. Spring 实战 [M]. 4 版. 北京：中国工信出版社，2016.
[5] JENDROCK E, CERVERA-NAVARRO R. Java platform, enterprise edition: the Java EET utorial [EB/OL]. https: //docs.oracle.com/javaee/7/tutorial/index.html, 2014.
[6] HUNT C, JOHN B. Java 性能优化权威指南[M]. 北京：人民邮电出版社, 2014.
[7] ECKEL B. Java 编程思想. [M]. 4 版. 北京：机械工业出版社，2019.
[8] Java platform,standard edition, javadoc guide [EB/OL]. https: //docs.oracle.com/en/ java/ javase/ 14/ javadoc/ index.html.
[9] ORLANDO S, RUSSO S. Java virtual machine monitoring for dependability benchmarking [C]// International Symposium on Object and Component-Oriented Real-Time Distributed Computing. IEEE, 2006:8.
[10] MYALAPALLI V K, Geloth S. High performance JAVA programming[C]// International Conference on Pervasive Computing. IEEE, 2015:1-6.
[11] ARMBRUSTER A, BAKER J, CUNEI A et al. A real-time Java virtual machine with applications in avionics[J]. ACM Transactions on Embedded Computing Systems, 2007: 384-386.
[12] Troubleshooting Guide [EB/OL]. https://docs.oracle.com/en/java/javase/14/trouble shoot/ general-java-troubleshooting.html.
[13] GOVINDARAJU M, SLOMINSKI A, CHOPPELLA V, et al. Requirements for and Eval uation of RMI protocols for scientific computing[C]// Supercomputing, ACM/IEEE 2000 Conference. ACM, 2000:61.
[14] SAMOYLOV N. Introduction to programming: learn to program in Java with data struc tures, algorithms, and logic[M]. Packt Publishing, 2018.
[15] SCHOEBERL M, KORSHOLM S, KALIBERA T, et al. A hardware abstraction layer in Java[J]. ACM Transactions on Embedded Computing Systems, 2011, 10(4):42.
[16] JOHNSON R, HOELLER J. Expert one-on-one J2EE development without EJB[M]. 北京：电子工业出版社, 2005.
[17] Building a RESTful web service[EB/OL]. https://spring.io/guides/gs/rest-service.
[18] KORSHOLM S, SCHOEBERL M, RAVN A P. Interrupt handlers in Java[C]// IEEE Inter national Symposium on Object Oriented and Component-Oriented Real-Time Distributed

Computing. IEEE Computer Society, Washington, DC, USA, 2008: 453-457.

[19] WELLINGS A J, SCHOEBERL M. Thread-local scope caching for real-time Java [C]// International Symposium on Object/Component/Service-Oriented Real-Time Distributed Computing. IEEE, Tokyo, 2009:275-282.

[20] GINANJAR A, HENDAYUN M. Spring framework reliability investigation against database bridging layer using Java platform[J]. Procedia Computer Science, 2019, 161:1036-1045.

[21] ZHANG D, WEI Z, YANG Y. Research on lightweight MVC framework based on spring MVC and mybatis[C]// Proceedings of the Sixth International Symposium on Computational Intelligence and Design - Volume 01. IEEE, 2013: 350-353.

[22] GAJEWSKI M, ZABIEROWSKI W. Analysis and comparison of the spring framework and play framework performance, used to create web applications in Java[C]//IEEE XVth International Conference on the Perspective Technologies and Methods in MEMS Design (MEMSTECH), Polyana, Ukraine, 2019: 170-173.